前 言

你有兴趣踏上一段探索自然的旅程吗?

无论季节如何变换，植物始终在“费劲心机”争取更多阳光，吸引更多昆虫，驱赶天敌，繁衍生息。

你要睁大眼睛看清楚哦!

漫步于夏日的树林、草地或原野，由五彩缤纷的花朵组成的“地毯”在脚下展开，还有那树叶随风摇摆。当秋天来临，树叶由绿变黄、变红或是变成褐色，最后随秋风飘落。飘落的残叶成了昆虫、蜗牛或蠕虫的食物。

冬季的大自然彻底改变了面貌，不仅是动物，植物也要进行“冬眠”。阔叶树的枝干变得光秃秃的，很难想象在几个月前它们是那样郁郁葱葱。

雪花莲和银莲花的盛开预示着冬天即将结束。最终，春回大地，万物复苏。“冬眠”的植物都醒过来了。

当漫步于林间草地，如果可以依据植物的年轮、叶子或花判断出植物的种类，该是多么有趣啊！你还可以用“另一只眼睛”发现更多有意思的东西，你会明白为什么叶子是绿色的或者红色的，花是怎么发育成果实的，为什么植物会有根和茎，花为什么要绽开，植物是如何繁殖的，等等。

怎么样？你现在是否已经对神奇的植物世界感到好奇了。这里有太多奥秘等待被发掘。

《101个植物的实验》教你如何用“另一只眼睛”观察植物世界。解开谜团最好的方法就是亲自尝试。

你一定也有以下疑问：

- **为什么绿叶会在秋天变色？**
- **一片叶子也可以培育出一株完整的植物吗？**
- **没有土壤，植物也能生长吗？**
- **香蕉为什么是弯弯的？**
- **植物的根有哪些功能？**
- **风、水和动物在种子的传播中到底有多重要？**
- **你知道地球上最大的氧气工厂吗？太阳在其中又起到了什么作用？**
- **怎样判断一棵树的年龄？**
- **树是怎样将水分运送到树冠的？**

不用担心，你的疑问都将得到解答。让我们通过实验寻找答案，理解专业概念。当然，最后面的术语表要好好利用起来。

你准备好了吗？现在，怀着满心激动，踏上旅程吧。
神奇的植物世界里有许多惊喜在等着你！

祝你有一个愉快的旅程！

目录

植物细胞、叶绿素和光合作用

水的路径

蒸腾作用

植物的花

植物色素

孢子、种子、球果和沼泽

禾本植物

果实的秘密

无性繁殖

1.叶绿素（难度：★☆☆☆☆）

草可以给白纸染色吗?

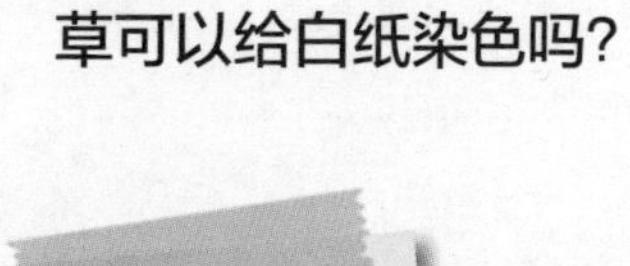

你需要

- 绿色的草
- 1个纸盘
- 1张白纸

这样来做

- 将草放在纸盘上。
- 把装有草的纸盘放在地上。
- 将白纸覆盖在草上。
- 用脚使劲地踩白纸。

会发生什么

白纸上出现了绿颜色。

为什么会这样

不管动物（包括人），还是植物、藻类和细菌，都是由细胞组成的。细胞是生命体最小的组成单位。和所有的绿色植物一样，草的细胞里含有叶绿素。当你用力踩时，细胞破裂，叶绿素从细胞中流出来，就把白纸或者衣服染成了绿色。

如果要作为颜料，叶绿素显然不是理想的选择。因为植物色素有一个特性：会与阳光发生反应。

2.洋葱的细胞（难度：★★★☆☆）

在放大镜下可以看到洋葱的细胞吗?

你需要

- 1个洋葱
- 1把小刀
- 1块小砧板
- 1把镊子
- 1块干净的玻璃
- 1个放大镜

这样来做

- 在小砧板上将洋葱剥掉外皮，并切成两半。
- 用镊子撕下一层薄薄的洋葱表皮。
- 将洋葱表皮压在玻璃上。
- 用放大镜观察洋葱表皮，并注意它的颜色。

会发生什么

你可以清楚地看到洋葱表皮上的每个细胞。它们相互联系，紧密排列，共同组成一个细胞组织。但这些细胞并不是绿色的。

为什么会这样

并不是植物的每个部分都含有绿色的叶绿素。植物生长在地下的部分，如根和球状茎就不含叶绿素，因为在地下没有阳光和它们发生反应。

在光学显微镜下，洋葱细胞像外面包裹着一层薄薄的弹性物质（细胞膜）的小气枕，细胞的内部充满了液体（细胞质）。每一个“小气枕”都被装进一个“盒子”里，这个“盒子”就是细胞壁。细胞是由许多这样并列或重叠的小整体（细胞）组成的。

3.植物细胞（难度：★★★☆☆）

植物细胞里究竟有什么?

你需要

- 纸
- 剪刀
- 胶水
- 牙签
- 1个鞋盒盖子（不要太大）
- 不同颜色的橡皮泥
- 水彩笔

这样来做

- 将纸剪成9小片（每片宽2厘米，长6厘米）。
- 将小纸片的一边粘在牙签上，做成小旗子的形状。
- 在鞋盒盖子里铺上大约1厘米厚的橡皮泥。
- 调整橡皮泥的形状，使其四周高，中间低，也就是在中间形成一个凹陷。
- 分别用不同颜色的橡皮泥捏成圆形、卵形、条形等，并将它们摆在鞋盒盖子里的橡皮泥上（摆放位置如右页图片所示）。
- 鞋盒盖子相当于细胞的外壁，盖子内侧的那层橡皮泥相当于一层细胞膜，在小旗子上写上“细胞壁”和“细胞膜”，再将小旗子插在对应的位置上。
- 在剩下的小旗子上写下其他描述细胞内结构的名称，如细胞质、液泡等（详见右页图片）。
- 现在，将写有名称的小旗子插在对应的橡皮泥上。

会发生什么

现在，一个植物细胞的模型已经做好了，里面的结构（细胞器）一应俱全。这些小小的结构在细胞里各司其职，就像我们体内的器官（如肺、肾）一样发挥着各自的作用。它们的作用贯穿于植物的整个生长过程中（例如，发芽、抽穗、开花）。

为什么会这样

将植物细胞放在光学显微镜下放大数倍后进行观察，我们可以发现，在细胞的内部充满了液体（细胞质），细胞里的结构都漂浮在液体中。植物细胞里的细胞器都有它们各自的作用：

1. 细胞膜：包裹着细胞内的各种物质，使其成为一个整体，并控制物质进出细胞。
2. 细胞壁：细胞外围的一层外壁，起保护作用，能增强细胞的稳定性。
3. 细胞质：细胞中的液体，大部分是水（80%—85%）和蛋白质（10%—15%）。
4. 液泡：细胞内由薄膜围起来的一个空间，内含液体，有存储和解毒的功能，并且能够维持细胞内的压强。
5. 细胞核：控制细胞的活动，遗传物质以染色体为载体，存储在细胞核内。
6. 线粒体：细胞的“能量供应站”。细胞在这里进行有氧呼吸，释放能量，贮存营养物质。
7. 核糖体：细胞的蛋白质“加工厂”。
8. 内质网：由一些管状空腔组成（外面包裹着薄膜），主要运输化学物质（尤其是蛋白质），对细胞的分裂起着十分重要的作用。
9. 高尔基体：分类运输蛋白质。
10. 叶绿体：所含的叶绿素能与阳光发生反应，参与光合作用（见实验6），产生植物所需的养料（糖）。

4.沥青中的绿色（难度：★★★☆☆）

草离开土壤也可以生长吗？

你需要

- 半勺草籽
- 棉花球
- 1个花盆
- 1个装满水的喷壶

这样来做

- 在花盆里装满棉花球。
- 向棉花球喷水，直到棉花球被浸湿为止。
- 在湿润的棉花球上撒上草籽。

会发生什么

几天后，草籽发芽了，长成了小草并且还在继续生长。

为什么会这样

在有水、空气以及适宜的温度下，草籽就会发芽生长。但有时种子会被风带到一些并不理想的生长环境中。我们发现在一些根本没有土壤的地方，如石缝里、石板路甚至沥青路面上，也会有草长出来。所以，当温度、空气和水都充足时，种子就能发芽了。但是想要植物茁壮成长，还是需要土壤里的矿物质（见实验6）。

5.苍白的小草（难度：★☆☆☆☆）

如果没有阳光，小草会变成什么样？

你需要

- 1块草坪
- 1张纸板
- 1块大石头

这样来做

- 将纸板放在草坪上，用石头压在上面固定。
- 几天以后将纸板拿走。

会发生什么

被纸板遮住的部分，草的颜色变淡，几乎已经变成了白色。

为什么会这样

纸板挡住了阳光，小草得不到阳光的照射。而叶绿素只有在有光的条件下才能进行光合作用，产生养料。没有阳光，这些就不可能发生。也就是说，如果没有阳光，植物就不可能长期存活下去。

6.光合作用（难度：★★★☆☆）

长期实验！

施了肥的植物会长得更好吗?

你需要

- 2盆带根的植物（如四季海棠）
- 肥沃的花园土
- 水
- 2个有托盘的花盆
- 1把铲子
- 报纸
- 棉花球

这样来做

- 在桌子上铺上报纸。
- 在一个花盆中装上花园土，栽上一棵事先准备好的植物。
- 将第二棵植物根部的泥土洗干净，栽进另一个装满棉花球的花盆里。
- 将两个花盆放在阳光能照射到的地方。
- 定时给两棵植物浇水，观察它们的长势。

会发生什么

两棵植物都在生长。但过几天或者过几个星期，你会发现栽在土壤里的植物要比栽在棉花球里的植物生长得更好。

为什么会这样

这两棵植物都拥有光、水以及空气，并且固定在花盆里。但是土壤的作用不仅仅是固定植物，它还为植物提供生长所必需的营养盐，而这种营养盐是棉花球所不能提供的。植物缺少了这种营养盐就会变得虚弱，就像一个只吃甜食的孩子缺少身体必需的维生素。

为了生存，动物必须进食。植物不会吃东西，但是它们可以通过光合作用，即在阳光的照射下将气体（二氧化碳）和水转化成葡萄糖。在这个过程中，植物还释放出动物呼吸所必需的氧气。

植物生长单凭植物本身产生的葡萄糖是不够的。在植物生长过程中，还需要许多其他物质，如钙、镁、氮、锰、锌等。这些物质大多以盐的形式溶解在水中，植物的根可以从土壤中吸取这些物质。没有这些物质，参与光合作用的叶绿素就无法生成。例如，镁是叶绿素的组成成分，镁的缺失会使叶子变黄。即使阳光、水分和空气都很充足，没有镁，光合作用也无法进行。

生成的糖一部分以淀粉的形式储存在植物特定的组织中（如根）。在需要的时候（如春季，树叶还没有长出来的时候），这些以淀粉形式被储存起来的糖就会供给植物能量。植物消耗氧气，分解糖，同时释放能量的过程被称为呼吸作用。植物也和动物一样，随时都在呼吸，植物的呼吸也是需要氧气的。

7.两情相悦（难度：★★☆☆☆）

藻类植物在富含营养的水中会繁殖得更好吗？

你需要

- 自来水
- 池塘水
- 蒸馏水
- 植物营养液
- 3个干净的玻璃罐
- 1个旧勺子
- 标签
- 水彩笔

这样来做

- 在第一个玻璃罐里装上自来水，在第二个玻璃罐里装上蒸馏水，在第三个玻璃罐里装上池塘水。
- 在自来水和蒸馏水中分别加入一勺池塘水。
- 在池塘水和自来水中分别加入一滴植物营养液，蒸馏水里不加。
- 在标签上分别写上三个罐子里所装液体的名字，并贴在对应的罐子上。
- 将三个罐子放在窗台上，接受阳光的照射。

会发生什么

几天以后，滴入营养液的池塘水和滴入营养液的自来水相继变了颜色，而且在罐子的边缘可以看见一层浅绿色的薄膜。只有蒸馏水依然保持清澈，或只有稍微一点绿色。

为什么会这样

如果你观察池塘里的水，就会发现水面微微泛着一层绿色。在池塘水里含有肉眼看不见的单细胞藻类植物。藻类可以借助叶绿素进行光合作用。将池塘水和自来水混在一起放在阳光下，藻类植物就可以进行光合作用了。

藻类不断分化，在罐子的内壁形成一层绿色的薄膜。但是为了构造细胞中的各种细胞器，只靠光合作用所产生的葡萄糖是不够的，它们还需要营养盐，而这些营养盐可以从养料中获得。因此，在富含营养的水中，藻类繁殖得更快。

因为藻类细胞中含有叶绿素，所以水呈现出绿色。蒸馏水中几乎不含有营养物质，藻类植物无法生长，相应地，水就不会呈现出绿色。

8.水中的光合作用（难度：★☆☆☆☆）

春夏季实验

水生植物也能进行光合作用吗？

你需要

- 1棵池塘里或玻璃鱼缸里的水生植物（如水藻、水藓）
- 水
- 2个玻璃杯

这样来做

- 在玻璃杯里装上自来水，等待约1个小时，直到水温和室温几乎相同。
- 在其中一个杯子里放入水生植物。
- 将这两个杯子都放在阳光下(例如，放在有阳光照射的窗台上)，放置一两天。

会发生什么

一个小时以后，这两个杯子的杯壁上出现了很多小气泡。有水生植物的杯子里会有更多的气泡产生。

为什么会这样

陆地上的植物利用阳光、二氧化碳和水生产出糖，并且释放出氧气（见实验6）。那水生植物会怎样呢？水生植物也进行光合作用，因为水中也有空气。两个杯子里的水达到室温，水中的气体就以气泡的形式溢出来。

在接下来的1～2天，有水生植物的杯子里会继续产生气泡，即含氧气的气泡。氧气是水生植物在水中进行光合作用所产生的。水生植物吸收溶解在水里的二氧化碳，并将由光合作用产生的氧气释放到水中。而有水生植物的杯子里能持续产生气泡，就是因为有氧气不断地释放出来。

9.氧气工厂（难度：★☆☆☆☆）

如何才能证明水生植物释放的是氧气？

你需要

· 2棵水生植物（如鱼缸里的水藻或者水藓）
· 3个空的、干净的并且有盖子的玻璃罐
· 3个经砂纸打磨过的铁钉（防止铁钉生锈）
· 煮沸后的水
· 碳酸氢钠（小苏打）
· 1把小刀 · 薄纸板 · 透明胶带

这样来做

- 在3个玻璃罐里都装入凉开水。
- 在每个罐子里放一些小苏打，并在每个罐子里都放一个铁钉。
- 在其中两个罐子里分别放上一棵水生植物。
- 将其中一个有植物的罐子用纸板遮挡起来，不要让光线透过。
- 将3个罐子都盖上盖子，放在窗台上，接受阳光照射。
- 至少等上一天时间。

会发生什么

在装有植物且透光（阳光可以照射进来）的罐子里，铁钉开始生锈。另外两个罐子里的铁钉没有生锈的迹象。

为什么会这样

潮湿的空气或氧气会使铁制品生锈。在装有植物并且透光的罐子里会有气泡产生，正是这些气泡使铁钉生锈。

说到这里，不得不谈到氧气。一开始在罐子里装入的凉开水既不含氧气，也不含二氧化碳——这两种气体在煮水的过程中已经从水中释放出去了。碳酸氢钠在水中溶解，产生二氧化碳，为植物的光合作用提供必需的原料。但由于光合作用只能在有光的条件下进行，所以在用纸板遮住的罐子里，植物因得不到阳光的照射而无法进行光合作用，就不能产生氧气，铁钉也就不会生锈。

10.黑暗中的植物（难度：★★☆☆☆）

长期实验！

没有光，植物也可以生长吗？

你需要

· 2盆植物（例如2盆吊兰）

这样来做

- 将一盆吊兰放在有阳光照射的窗台上，另一盆放在没有光的房间里。
- 按时给两盆吊兰浇水。

会发生什么

两盆吊兰都在生长，但只有处于阳光下的那盆植物仍然是绿色的。放在黑暗房间里的那盆吊兰的叶子已经变成了黄色。

植物细胞

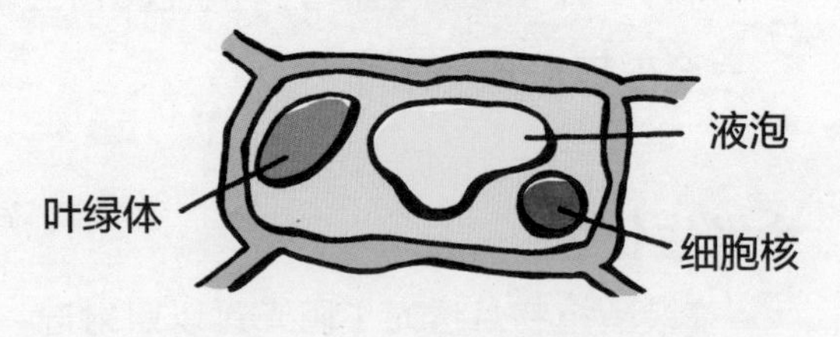

为什么会这样

叶绿素和其他一些参与光合作用的重要物质在有光的条件下才能合成。当缺少光照时，植物仍然能继续生长一段时间，因为植物体内原本还存储有一些养料。但是，如果植物长期处在黑暗的环境中，就会慢慢死去。因为在缺少光照的情况下，植物无法继续生成养料（糖）。

叶绿体是构成叶子的植物细胞的一部分（见实验3）。叶绿体是进行光合作用的场所，由叶绿素和其他一些色素（例如显现出红色和棕色的类胡萝卜素）组成。所有的植物色素都有吸光的特性，并且能将光能转化为化学能。

11.叶子上的斑马纹（难度：★★☆☆☆）

长期实验！

被遮住的叶子还会是绿色的吗？

你需要

- 1盆大叶子的植物
- 创可贴或者不透明的胶带

这样来做

- 将条状的创可贴或者胶带贴在植物的大叶子上。
- 像平时那样照料这盆植物。
- 几天以后，撕下创可贴或者胶带。

会发生什么

被贴上的地方，叶子的颜色变成了淡绿色。

为什么会这样

将植物放在太阳下，阳光洒落在植物的花和叶子上。这时候，叶子叶绿体中的叶绿素可以吸收部分阳光（见实验3）。而在被遮住的部位，叶子中的叶绿素逐渐消耗，所以叶子呈现出浅绿色。只有在有光的条件下，叶子才能制造养料，合成叶绿素。

12.迷宫里的植物（难度：★★☆☆☆）

长期实验！

植物的生长具有向光性吗？

你需要

- 1个发了芽的土豆
- 1个有盖子的鞋盒
- 1个平底的塑料小容器，并在里面装满潮湿的土
- 厚纸板
- 胶带
- 1把剪刀

这样来做

- 将土豆（芽朝上）种在塑料容器里。
- 在鞋盒的侧壁上剪开一个边长约3厘米的正方形小孔。
- 用厚纸板在鞋盒里“搭建”一个“迷宫”（如图所示）。
- 将种有土豆的塑料容器放进鞋盒里，远离侧壁上的小孔。
- 盖好盖子，然后将鞋盒放在有阳光照射的地方。

会发生什么

几天以后，白色的土豆芽“走出”了迷宫，从洞口蜿蜒而出。在阳光的照射下，土豆芽逐渐恢复了绿色，并且长出了叶子。

为什么会这样

植物的生长过程需要光，因为只有在有光的条件下，植物中参与光合作用的部分才能被合成，同时制造养分。为了获得阳光，植物可以越过一些十分复杂的障碍物。你也可以尝试用一些不同的障碍物，或者举行一场特殊的“赛跑”：看看哪种植物能最先找到出口，沐浴阳光。

13.薄荷的气味（难度：★★☆☆☆）

胡椒薄荷究竟将气味分子藏在哪里？

你需要

- 新鲜的薄荷叶
- 放大镜（至少能放大6倍）

这样来做

- 透过放大镜，观察放大了6倍的薄荷叶。

会发生什么

你会发现叶子上有一些金色的小点。

为什么会这样

这些金色的小点是薄荷的腺毛，其中蕴含香精油。当你摘下一片叶子放在鼻子下闻一闻，会闻到这些芳香物质所散发出的薄荷味。

香精油可以从植物中提取，它让植物具有不同的气味。这种油状物很难溶解在水中，将它们滴入水中，它们就会漂浮在水面上。蕴含在香精油中的气味分子扩散到空气中，随着呼吸进入鼻腔，人就可以闻到气味了。

14.草香四溢（难度：★★☆☆☆）

朋友参与！

为什么我们能闻到草的气味？

你需要

- 新鲜的薄荷叶（也可以用鼠尾草或者其他气味浓烈的草叶代替）
- 1条手帕
- 研钵和研杵

这样来做

- 蒙上一个朋友的眼睛，让他（或她）在门外等候。
- 捣碎薄荷叶子（或者其他气味浓烈的草叶）。
- 打开门，将朋友领进房间。
- 请他（或她）闻一下。

会发生什么

你的朋友会闻到一些气味，虽然你并没有把叶子放在他（或她）的鼻子下面。说不定他（或她）会立刻分辨出那是薄荷的味道。

为什么会这样

许多香料和草药，包括薄荷，都含有香精油。将它们的叶子或者花捣碎，里面的香精油分子会四散开来，扩散到空气中。当我们呼吸时，这些气味分子随着呼吸进入鼻腔，我们就能闻到它们的气味。

空气是一种混合物，它主要由氧气（21%）和氮气（78%）组成。气体分子不停地运动着。香精油挥发到空气中，与空气充分混合。在这个过程中，气味分子不断向空气中扩散，空气中的气体分子也向气味分子中“渗透”，直到两者均匀地混合在一起，人们将这个过程称为扩散。

15.铜赢了（难度：★★☆☆☆）

人们能阻止花瓶中藻类和细菌的生长吗？

你需要

- 2束花
- 自来水
- 1～2个铜质硬币
- 2个玻璃杯

这样来做

- 将两个杯子装满水。
- 往其中一个杯子里放入两个铜质硬币。
- 将数目相同的两束花分别插进两个杯子里。
- 等一段时间，直到花开始枯萎。

会发生什么

有铜质硬币的杯子里的花存活得更久，另一个杯子里的花枯萎得较快。

为什么会这样

花插入水中几天后，会有一些腐败细菌和藻类滋生。它们顺着花茎蔓延滋长，甚至渗入植物细胞之中，这会妨碍植物对水分的吸收。因此，花很快就枯萎了。但是，如果在水中放几个硬币，硬币就会释放肉眼无法看见的微量铜元素。这些微量的铜元素对于细菌和藻类是致命的，所以细菌和藻类的生长受到了抑制，花也就可以存活更长时间。

16.比一比（难度：★★★☆☆）

所有植物的茎都是一样的吗？
请在大人的监护下进行！

你需要

- 1根灌木的嫩枝
- 1根蒲公英的茎
- 1根雏菊的茎
- 1根草茎
- 1块小砧板
- 1把水果刀
- 1个放大镜

这样来做

- 请大人将每种植物的茎都横向切开。
- 用放大镜观察茎的横切面。

会发生什么

蒲公英和草的茎是空心的，雏菊的茎和灌木的嫩枝却不是这样——嫩枝里面还有木质部。

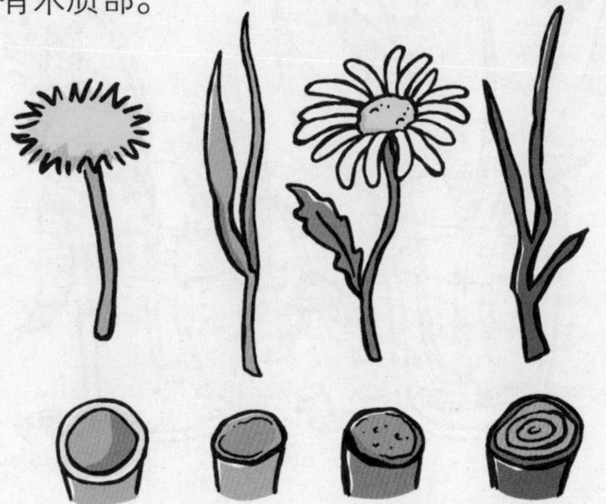

为什么会这样

虽然这些植物茎内部构造不一样，但是所有细管状的输导组织都位于茎部。通过这些细管，水分可以被运输到植物的各个部位。那些空心茎（例如蒲公英和草的茎）的输导组织位于茎壁上。

雏菊的茎是实心的。每隔一段时间，雏菊和灌木植物的茎中有一部分组织细胞就会死亡，并且木质化。那些呈管状的输导组织在茎的中心部位生长，然后逐渐死亡，最后变成木质化的细胞。

17.分叉的茎（难度：★★★☆☆）

茎是怎样将水输送给花的?

你需要

- 2朵白色的花
- 2种颜色的颜料（蓝色和红色）
- 自来水
- 2个玻璃杯
- 1把水果刀
- 1块小砧板

这样来做

- 往杯子里倒入大半杯水。
- 往两个杯子里分别滴入蓝色和红色的颜料。
- 将一朵花插进有蓝色颜料水的杯子里。
- 用刀将另一朵花的茎从下至上纵向切开。
- 将茎被切开的花放在两个杯子中间，一半茎插入红色颜料水里，一半茎插入蓝色颜料水里。
- 等几个小时。

会发生什么

蓝色颜料水中的花变成了蓝色。而茎被切开的那朵花，一半变成了蓝色，一半变成了红色。

为什么会这样

颜料水沿着茎中的细导管向上运输，最后会输送到花瓣，就像有一股吸力将水吸上来一样。水中溶解有色素，而这些色素也一起被输送上来，于是花瓣被染上了颜色。茎被切成两半的那朵花既吸收了蓝色颜料水，又吸收了红色颜料水，因此就变成了两种颜色。

18. “攀援而上”的水（难度：★★☆☆☆）

在植物的茎中，水是怎样被运输的?

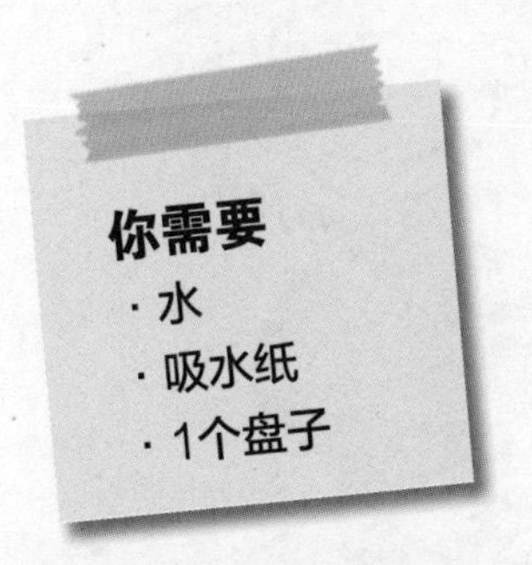

这样来做

- 将A4大小的吸水纸卷成植物茎一样的圆筒。
- 往盘子里倒入一点水。
- 将纸筒插进水里。

会发生什么

水顺着纸筒向上扩散。

为什么会这样

吸水纸是由有许多微小空隙的植物纤维制成的。将一张吸水纸卷成圆筒状，那么外壁上就会分布有许多微小的空隙。水有一种特性，即会充满微小的缝隙和管道。这是因为水分子和管道外壁之间存在着作用力。

水顺着吸墨水纸“攀援而上”，填充外壁上的空隙。那些引导水向上爬的细管，被称为毛细管。毛细管越细，液体就爬得越高。这也同样适用于植物的茎：导管越细，水爬得越高。

水在植物的茎中“攀爬”时，承受着不同的力，由于内聚力（水分子之间的力）小于吸附力（水分子和导管外壁之间的附着力），于是水被吸到狭小的空间、管道或缝隙中，并向上运输。

19.颜色变化（难度：★★★☆☆）

怎样才能看到水的运输路线？

你需要

- 1根带叶的芹菜茎
- 1把水果刀
- 红色或者蓝色的食用色素
- 1把小勺
- 1个大罐头瓶
- 自来水

这样来做

- 往瓶子里倒约3/4容量的水。
- 往水里滴入10滴食用色素，并搅拌。
- 用刀将芹菜茎的底部横向切开。
- 将芹菜茎插进瓶子，底部要没入水中。
- 观察芹菜的叶子。

会发生什么

芹菜叶子变了颜色。

为什么会这样

溶有色素的水沿着芹菜茎向上运输，渗入纤细的管道中（导管，见实验17），最终到达叶子。

20.芹菜茎横切面上的斑点（难度：★★★☆☆）

怎样分辨芹菜的导管？

你需要

- 1根被染色的芹菜茎（可以利用“实验19”中的芹菜茎）
- 1把水果刀
- 1个放大镜

这样来做

- 在芹菜茎距下端2厘米处，用水果刀将芹菜茎横向切开。
- 在放大镜下观察芹菜茎的横切面。

会发生什么

你会在横切面的边缘发现一些红色（或蓝色）的小点，颜色取决于你在“实验19”中所选择的颜色（见右图）。

为什么会这样

芹菜有着又长又饱满的茎。在水向上运输到叶子的过程中，溶解在水中的食用色素将位于茎边缘的那些细管（导管）都染上颜色了。而在横切面上，这些细管看上去就成了小斑点。

21. “水位线” （难度：★★☆☆☆）

水是怎样到达树冠的？

你需要

- 7根吸管
- 胶带
- 1把剪刀
- 1杯柠檬水

这样来做

- 拿出两根吸管，将一根吸管的一端和另一根吸管的一端对接，并用胶带把两根吸管牢牢地粘在一起，制成一根较长的吸管。
- 将这根长吸管的一端插入柠檬水中，从另一端吸柠檬水。
- 将剩下的吸管以同样的方法连接在原来的吸管上，制成一根更长的吸管。
- 将杯子放在地上，还是从另一端吸柠檬水。

会发生什么

用短吸管很容易就能将柠檬水吸入口中。当换用比较长的吸管吸柠檬水时，必须花大力气才能把柠檬水吸上来。如果我们用的是一米多长的吸管，那么无论如何也不能将柠檬水吸上来。

为什么会这样

吸柠檬水时，实际上是在排除压在吸管水面上的空气。这些空气在液体表面形成向下的压力，使液体无法在吸管中上升。液体上升的高度越高，所承受的压力就越大，那么你就要用更大的力气去吸。

在树木中也有这样一个将水由低处吸到高处的过程。树叶通过气孔的开合以及水分的蒸发来产生这种吸力（见实验29）。它在树干中形成一种向上的力，迫使“水位线”上升。于是，一棵参天大树通过它的输导组织就能完成水分由根到茎叶的运输。

22.甜甜的叶子（难度：★★☆☆☆）

营养盐是怎样到达叶子里的？

请在大人的监护下进行！

你需要

- 2根新鲜的芹菜茎（带叶子）
- 1勺糖
- 水
- 2个标签贴
- 水彩笔
- 2个玻璃杯

这样来做

- 将标签贴在杯子的外壁，分别在上面写上“水”和“糖”。
- 在每个杯子里都装入半杯水。
- 往贴有“糖”标签的杯子里加入一勺糖。
- 在两个杯子里分别插上一根芹菜茎。
- 将两个杯子放在厨房静置48小时。
- 摘下两根芹菜茎上的叶子尝一尝。

会发生什么

糖水中芹菜的叶子有甜甜的味道。

为什么会这样

糖要溶解在水中才能被植物吸收，再通过茎运输到叶。植物能自己生产养料（糖），而它们的根也可以从土壤中吸收溶解在水里的营养物质，并通过茎运输到叶。

植物的茎能起到固定的作用，保护植物不会轻易被折断。但它最重要的任务是运输水分和溶解在水中的营养物质（例如营养盐、糖）。和植物的其他部分一样，茎也是由专门的细胞组成的。这些细胞的细胞壁特别发达，共同形成一个组织。在最外层，茎有表皮保护。表皮由一些细长的、细胞壁很厚的细胞组成，具有保护功能。它就像是茎的皮肤，决定了植物的延展性和柔韧性。

茎的内部有植物的输导组织。它由运输水分和营养盐的导管以及运输糖等其他物质的筛管等组成。这些在茎中负责运输的管道系统被统称为维管束。

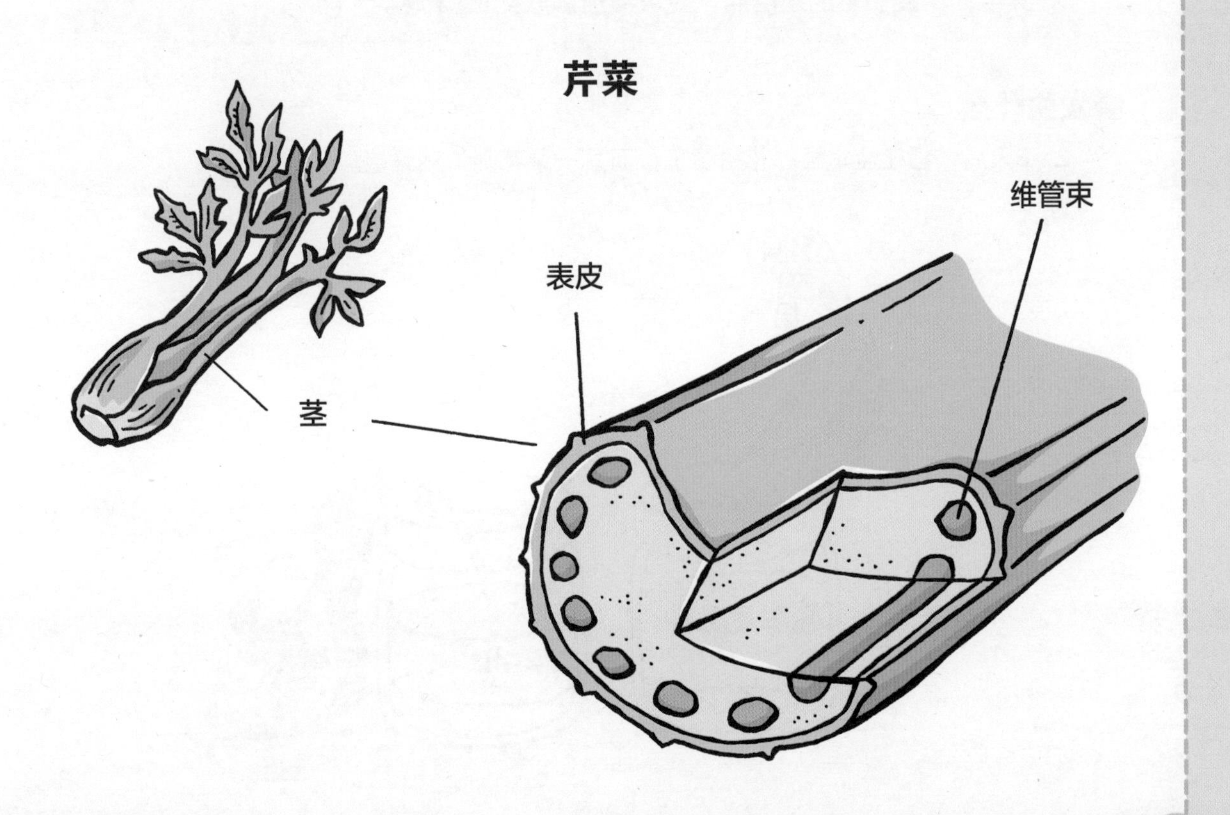

23.精疲力竭的花（难度：★★☆☆☆）

花也能吸收盐水吗？

你需要

- 2朵鲜花
- 2个玻璃罐
- 水
- 食盐

这样来做

- 在玻璃罐里装满水。
- 在每个罐子里都插上一枝鲜花。
- 在其中一个罐子里加入食盐，要求覆盖罐底约1厘米厚。

会发生什么

2～3天后，插在盐水里的花枯萎了，而另一朵花则依然鲜艳。

为什么会这样

植物细胞能吸收大量的水和营养物质。植物细胞吸收的水分越多，植物细胞壁所承受的压力就越大。这种压力被称为膨胀压。它让植物细胞看起来鼓鼓的，很饱满，从而加强了细胞的稳定性。

在我们的实验中，不含盐的水在渗透压的帮助下进入到每一个植物细胞中。水分总是由低浓度溶液流向高浓度溶液，直至细胞内外溶液浓度相同。因此，在不含盐的水中，植物叶子里充满了水分，花朵看起来十分饱满。在盐水中，虽然植物的茎也被浸泡着，但是盐水无法进入植物细胞。因为植物细胞中的含盐量比盐水溶液中的含盐量要低得多，植物细胞中的水分反而会流失到盐水中。水分的流失导致植物细胞缺水。细胞缺水使叶子和茎变蔫，花朵凋谢。

植物从土壤里所吸收的水分中虽然也含盐，但是并不像我们实验中的那么多。少量的盐溶解在水中是可以被植物顺利吸收的。

24.卷起来的茎（难度：★★★☆☆）

植物的茎在水中会发生变化吗？
请在大人的监护下进行！

你需要

- 3根蒲公英的茎（没有花）
- 2个玻璃杯
- 水
- 1把小勺子
- 食盐
- 1把水果刀

这样来做

- 在两个杯子里装满水。
- 往其中一个杯子里加1~2勺盐，并搅拌。
- 用刀将其中一根茎从底部横向切下一小段，然后插到没放盐的杯子中。
- 请大人将另外两根茎从底部纵向切开1~2厘米，使茎的下端分叉。
- 将这两根茎一根插到没放盐的杯子中，一根插到放盐的杯子中。
- 等待15分钟。

会发生什么

横向切开的茎没有什么变化。纵向切开的茎在不含盐的水中两半分叉向外翻卷，而含盐的水中两半分叉没有变化或者向内卷曲。

纵向切开的茎在不含盐的水中呈现出的状态

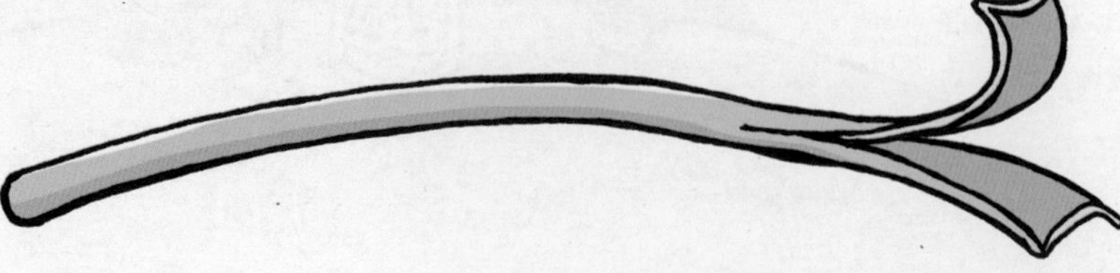

为什么会这样

如果你想知道为什么蒲公英的茎会有如此不同的反应，那么就需要了解以下知识。

蒲公英的茎是空心的，它的输导组织位于茎的外壁，上面有许多小空隙。在细胞壁和细胞内物质之间存在一层细胞膜（见实验3）。细胞膜是一层半透性的薄膜，也就是说，只有一些特定的物质才可以透过细胞膜进出细胞。这一点是我们实验的重点，水可以透过薄膜，而盐却不行。另外，这与渗透作用也有关（见实验72）：两种含盐量不同的盐水溶液被半透膜隔开，这时水会涌向含盐量高的一边，直到半透膜两边溶液的盐浓度达到一致。

这也可以用来解释蒲公英茎的变化：

在不含盐的水中，底部没有分叉的茎的每个细胞都吸收水分，以降低细胞中的盐浓度。茎外部的细胞是紧密连接在一起的，所以细胞不会胀开，横向切开的茎没有发生变化。

但是，如果茎被纵向切开，那么植物的组织就遭到了破坏，水分可以直接进入内部细胞。细胞内部的含盐量要高于杯子里水的含盐量，组织吸水膨胀，分叉的两边于是向外翻卷。在盐水中，根据含盐量不同，会有两种不同的反应：

（1）盐水溶液的含盐量和细胞的含盐量差不多，茎不会发生什么变化。

（2）盐水溶液的含盐量比细胞的含盐量高，细胞失水，茎分叉的两边于是向内卷曲。

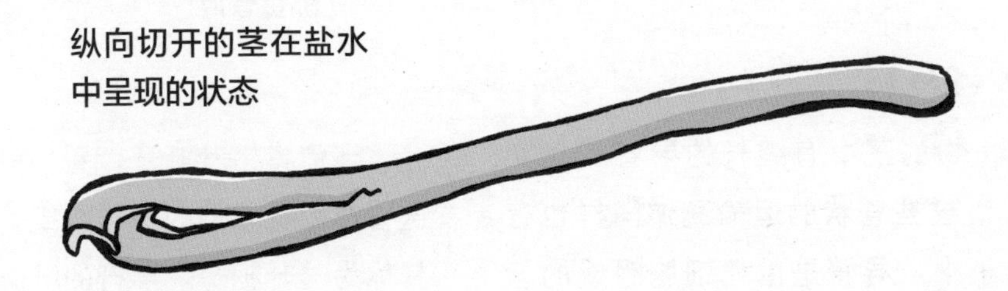

纵向切开的茎在盐水中呈现的状态

25.叶脉（难度：★★☆☆☆）

叶子里也有“水管”吗?

你需要

· 1片叶子（如郁金香的叶子、车前菊的叶子、枫树的叶子）

· 1个放大镜

这样来做

- 在放大镜下观察叶子。
- 尝试将叶子撕开。

会发生什么

叶子是按照特定的脉络被撕开的。有些叶子上的脉络平行分布，还有些是呈羽毛状或者网状分布的。

如果你撕开的是一片车前菊的叶子，那么你还可以依照叶子的脉络，毫不费力地将被撕开的叶子拼回去。

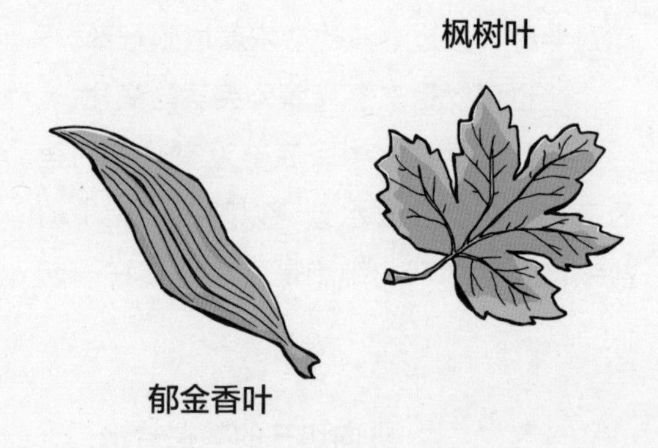

为什么会这样

在植物的茎中有细长的导管（见实验17）。这些管状的运输通道同样也存在于叶子中。导管是由死细胞组成的。这些死细胞的细胞壁木质化，变成了十分坚硬的物质，起保护作用。它们像螺纹一样环绕、增厚，并且使得根所吸收的水分能够更轻易地从下往上被吸收。

当你将树叶撕开，看到的就是这些输送管道以及它们的保护组织，植物学家将其称为“叶脉”。平行的叶脉从叶尾到叶尖没有其他的分叉。网状叶脉的叶子上有一个或者几个主叶脉，从主叶脉上又分出许多侧叶脉，这些侧叶脉继续分叉，最终形成一个完整的叶脉网络。

26.流汗的叶子（难度：★★★★☆）

植物从什么地方将水分排出体外?

你需要

- 1根新鲜植物的茎（带叶子）
- 水
- 橡皮泥
- 2个透明的小矿泉水瓶
- 1个尖锐的长钉子

这样来做

- 将橡皮泥捏成一个软木塞的形状，长约4厘米，大小要与瓶口大小吻合（见上图）。
- 用长钉子在橡皮泥塞中间钻一个洞。
- 将植物的茎从这个洞里穿过去。
- 在其中一个瓶子里装入大半瓶水，再将植物的茎连同橡皮泥塞一起插入瓶口。瓶塞只塞入一半，并保证植物茎的底部能浸没到水中。
- 用纸巾小心地擦掉另外一半瓶塞以及植物茎上（包括叶子）的水，让它们保持干燥。
- 将植物茎的上半部分小心地塞入另一个瓶子里，并让两个瓶子的瓶口对接（见上图）。

会发生什么

大概一个小时后，上面的那个瓶子里出现了一些小水珠，这些小水珠沿瓶子的内壁滑落下来。

为什么会这样

植物能通过叶子蒸发水分。这些水分遇到冷的瓶壁液化成了小水珠。

27.需水量（难度：★★★☆☆）

长期实验！

被切下来的植物嫩枝需要喝多少水？

你需要

- 1根植物的嫩枝（叶子超过5片，茎长超过15厘米）
- 食用油
- 水
- 1个大玻璃杯
- 1把直尺
- 1支水彩笔

这样来做

- 往杯子里倒入约3/4容量的水。
- 将嫩枝插入水中。
- 往杯子中倒入食用油，直到在水面上形成约2厘米厚的油层。
- 用水彩笔标记此时水面的高度。
- 将杯子放在有阳光照射的窗台上。
- 在接下来的一周内，每天标记水面的高度。

会发生什么

由于有油层覆盖，水不会蒸发，但水面的高度每天都会下降一点。

为什么会这样

植物通过茎吸收水分，然后提供给叶子，杯子里的水位下降是因为叶子上有许多微小的气孔（见实验29），水分通过这些小气孔蒸发到空气中。这个过程被称为蒸腾作用。

在生长过程中，植物比动物需要更多的水。没有水，光合作用根本无法进行。植物主要通过根部吸收水，蒸腾作用则是植物水分散失的主要方式。

28.涂油（难度：★★☆☆☆）

怎样证明植物的叶子能释放水分？

你需要

- 2根草茎
- 凡士林（护肤油）
- 食用油
- 自来水
- 2个小玻璃瓶
- 水彩笔

这样来做

- 在两个瓶子里都装入自来水。
- 将凡士林厚厚地涂抹在其中一根草茎的叶子上下两面。
- 将两根草茎分别插入两个瓶子中。
- 往瓶子里滴入食用油，在水面上形成一层薄薄的油层，以保证水不会蒸发。
- 用水彩笔标记水面的高度（如上图）。
- 在接下来一周内，观察植物和水位的变化情况。

会发生什么

叶子上没有涂抹凡士林的草茎所插入的杯子中，水面高度明显低于所做的标记；叶子上涂有凡士林的草茎所插入杯子中，水面高度没有变化。

为什么会这样

水分通过茎中狭长纤细的导管被运输到各个部分，再从叶子上的气孔蒸发散失出去，所以杯子中的水面高度下降了。涂有凡士林的叶子由于气孔堵塞，不能将水分蒸发出去，所以水面高度就不会变化。水通过叶片蒸发散失的过程叫作蒸腾作用。蒸腾作用能产生一种吸力，促使根对水分的吸收和水分的向上运输。蒸腾作用所产生的吸力使茎、叶、花获得了水分以及溶解在水中的矿物质。

29.叶子的蒸腾作用（难度：★★★☆☆）

长期实验!

叶子上下两面都可以蒸发水分吗?

你需要

- 3根草茎（禾本科植物）
- 凡士林
- 食用油
- 自来水
- 2个玻璃杯
- 水彩笔

这样来做

- 在两个杯子里装入自来水。
- 分别在两根草茎的叶子的上、下表面涂上凡士林。
- 将3根草茎分别插入两个杯子中。
- 往瓶子里滴入食用油，在水面上形成一层薄薄的油层。
- 用水彩笔标记水面的高度。
- 在接下来的一周内，观察植物和水位的变化情况。

会发生什么

只有叶子表面没有涂抹凡士林的草茎所插入的杯子中，水面高度下降了。

为什么会这样

叶、茎还有根的表面都被一层表皮细胞所覆盖。表皮能够防止水分蒸发，阻止病原体侵入植株内部。但是在叶子的表面有许多细孔，这些细孔被称为气孔。通过这些气孔，植物一方面可以蒸发水分，释放氧气，另一方面可以从空气中吸收光合作用的重要原料——二氧化碳。气孔的组成很简单，由两个气孔细胞组成，两个细胞之间留有空隙。

一般气孔位于叶子的背面，但禾本科植物叶子两面都有气孔。当这些位于叶子表面的气孔被凡士林堵住后，蒸腾作用就不能继续进行了，所以水面高度也不会发生变化。

30.花儿如此多娇（难度：★★☆☆☆）

花是由哪些部分组成的？

你需要

- 带根的鲜花
- 水
- 纸
- 铅笔

这样来做

- 清洗干净根和茎上的泥土。
- 将花摆放在桌子上。
- 用铅笔在纸上画出花的样子。

会发生什么

你可以清晰地分辨出植物的根、茎、叶、花。

为什么会这样

植物一般包含四个部分：根、茎、叶、花（果）。

根能将植株固定在土壤里，并且能从土壤中吸收水和营养盐。叶子中含有叶绿素，可以进行光合作用，能够生成植物所需要的营养物质（见实验6）。花是植物的生殖器官，能够产生种子。茎是植物运输水和营养物质的通道。木质部可以运输根吸收的水分和溶解在水中的营养盐。而叶子中通过光合作用生成的葡萄糖由茎的韧皮部运输到需要的地方，如正在生长的根、茎、叶、花、果实和种子。那些多余的糖会被根、种子和果实储存起来。

31.花序（难度：★★☆☆☆）

雏菊花究竟是什么样的？

你需要

- 1朵雏菊
- 1个放大镜

这样来做

- 将一朵雏菊分成两半。
- 在放大镜下观察。

会发生什么

你会发现雏菊花的组成比较复杂，由无数小花组成。

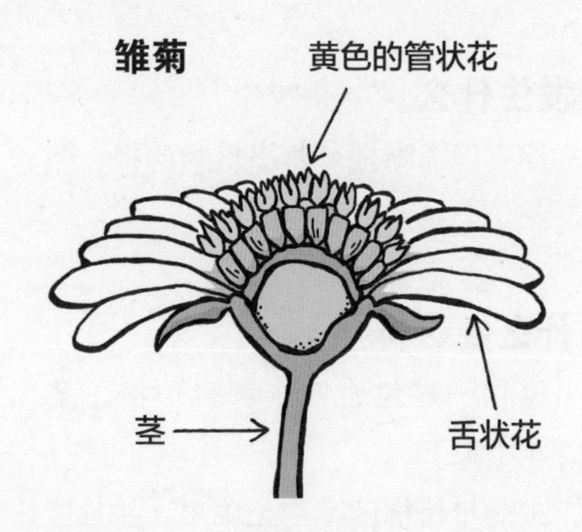

为什么会这样

花在花轴（总花柄）上的排列方式称为花序。雏菊属于头状花序，它由超过100朵小花组成，小花聚集在一起，形状像小篮子。

雏菊的中央是黄色的管状花，外面是白色的舌状花。这些管状花受精以后就会发育出种子。雏菊或法兰西菊的形状都像一个小篮子。在植物学中，花序还分为总状花序、圆锥花序、穗状花序、肉穗花序、柔荑花序和伞形花序等。

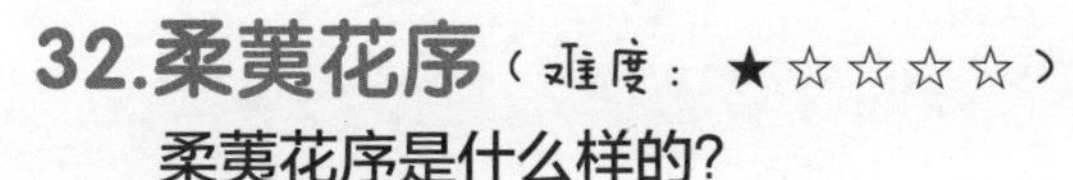

柔荑花序是什么样的?

长期实验!

你需要

- 柔荑花序的柳树（或者杨树、榛树）
- 1个放大镜
- 白纸
- 铅笔

这样来做

- 折一根带花（柔荑花序）的树枝。
- 在放大镜下观察柔荑花序。
- 试着将花摘下来。

会发生什么

柳树等一些树木没有缤纷艳丽的花朵，只有柔荑花序的花。柔荑花序的花小小的，像被挂起来的小香肠，与银莲花、郁金香和水仙等植物的花差别很大。在放大镜下，我们可以看清楚单个的小花。

为什么会这样

柔荑花序是由许多不显眼的小花组成的。春天，它通过传粉受精，然后发育成果实。果实成熟后会风干，种子随风释放出去。在潮湿的土壤中，种子不久后就会发芽，长成新的植株。柳树不仅可以通过种子繁殖，还可以进行无性繁殖，因为一枝被折断的柳条也可以在湿润的土壤中生根发芽，长成一棵完整的树。

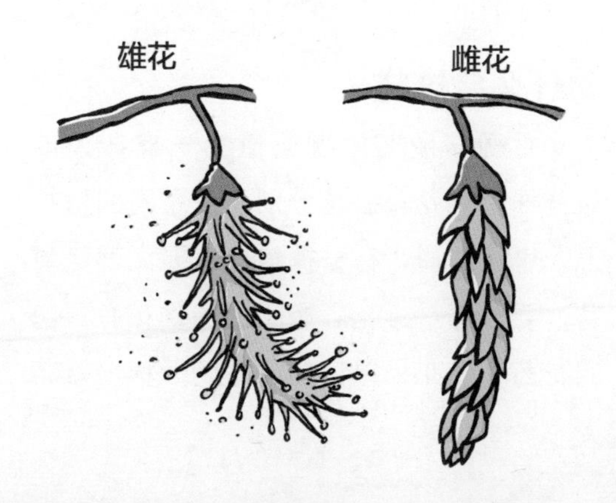

33.雌雄异株植物（难度：★★☆☆☆）

春季实验！

柳树的花都是一样的吗？

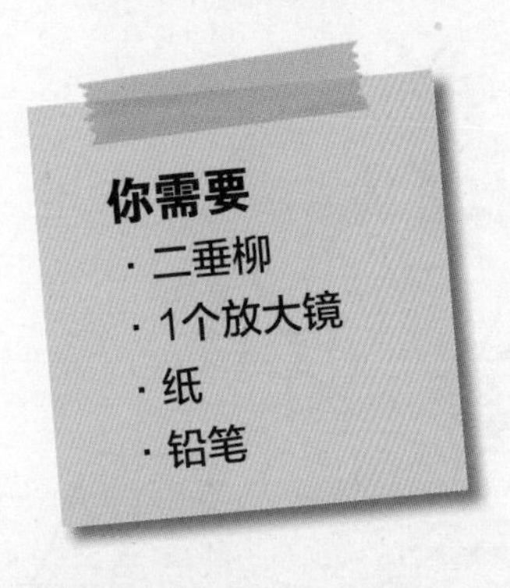

这样来做

- 收集一些垂柳的枝条。
- 将花采摘回去。
- 放在放大镜下观察。
- 比较这些花，并将它们画下来。

会发生什么

柳树的叶子看起来都是一样的，但花却不是。花的形状和颜色都有差异，有些呈椭圆形，有些像小香肠，颜色有黄色也有绿色。

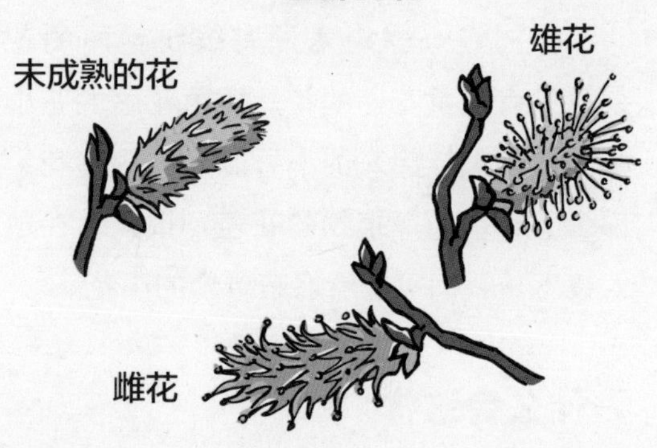

为什么会这样

垂柳与所有的柳属植物一样，为雌雄异株。雌花和雄花分别长在不同的植株上，也就是说，在一棵植株上要么都是雌花，要么都是雄花。椭圆形的雄花有黄色的花药。雌花是绿色的，香肠形状。雌花和雄花中都有两个花蜜腺。还未成熟的花摸起来有天鹅绒的质感。柳树的花一般开在三四月份，所以它成了蜜蜂等一些昆虫重要的食物来源。

34.保温（难度：★☆☆☆☆）

常青植物的叶子是怎样抵御干燥缺水的？

你需要

- 阔叶树的叶子（如欧洲山毛榉、椴树、枫树）
- 黄杨树叶
- 常青藤叶
- 月桂树叶

这样来做

- 观察这四种植物的叶子，并用手摸一摸。

会发生什么

你会发现，常青藤和黄杨树的叶子很光滑，并且比山毛榉、椴树或枫树的叶子更硬一些，月桂树的叶子是最硬的。

为什么会这样

像常青藤、黄杨树和月桂树这样的常青植物，叶子的表皮层比山毛榉、椴树或枫树树叶的更厚，并且在表皮层上还有蜡层，这些都是为了保温。另外，它们的气孔深深地陷在表层中。

月桂树叶可以作为香料，这种树生长在地中海地区。它的叶子表皮层很厚，质感很硬，特别能适应炎热的夏天，抵御干燥缺水。

35.郁金香（难度：★★☆☆☆）

花粉在花的什么地方?

这样来做

- 将花的各部分分离开来，放在放大镜下观察。
- 对照图谱认识花的各部分。
- 摸一摸雄蕊的顶部。

会发生什么

你可以找到花萼、花瓣、花托、子房、花柱和雄蕊。

当你触摸雄蕊时，手指上会留下一些黄色的粉末。

为什么会这样

花粉位于花的雄蕊上，相当于植物的精子，参与繁殖后代。花萼和花瓣围绕着花托排列生长。

子房连同柱头和花柱一起位于花的中央，子房、柱头和花柱构成了花的雌蕊——花的雌性生殖器官，胚珠就位于子房中。由花药和花丝组成的雄蕊是花的雄性生殖器官。

花粉通过风、水或者动物（如蜜蜂等一些昆虫）传播。尤其是当蜜蜂落到花上采集花蜜时，花粉就会粘在它们的身上，之后蜜蜂飞到另一朵花上（同一类花），第一朵花的花粉就落到了第二朵花的柱头上。

授粉是受精的重要前提。在被子植物（见实验47）的受精过程中，花粉从雄蕊传播到雌蕊的柱头上。每一粒花粉中含有两个雄配子。柱头上存在有花粉管，受精就是在花粉管中完成的。这两个雄配子通过花粉管游移到子房中。

受精后，子房会逐渐发育成果实。而子房内的胚珠，就发育成一枚或多枚种子。种子是由胚、胚乳（营养储存的部分）和种皮组成的。胚乳由一片或者两片子叶（见实验85）包裹着。种子可以在湿润的土壤中萌发，发育成一株完整的植物。

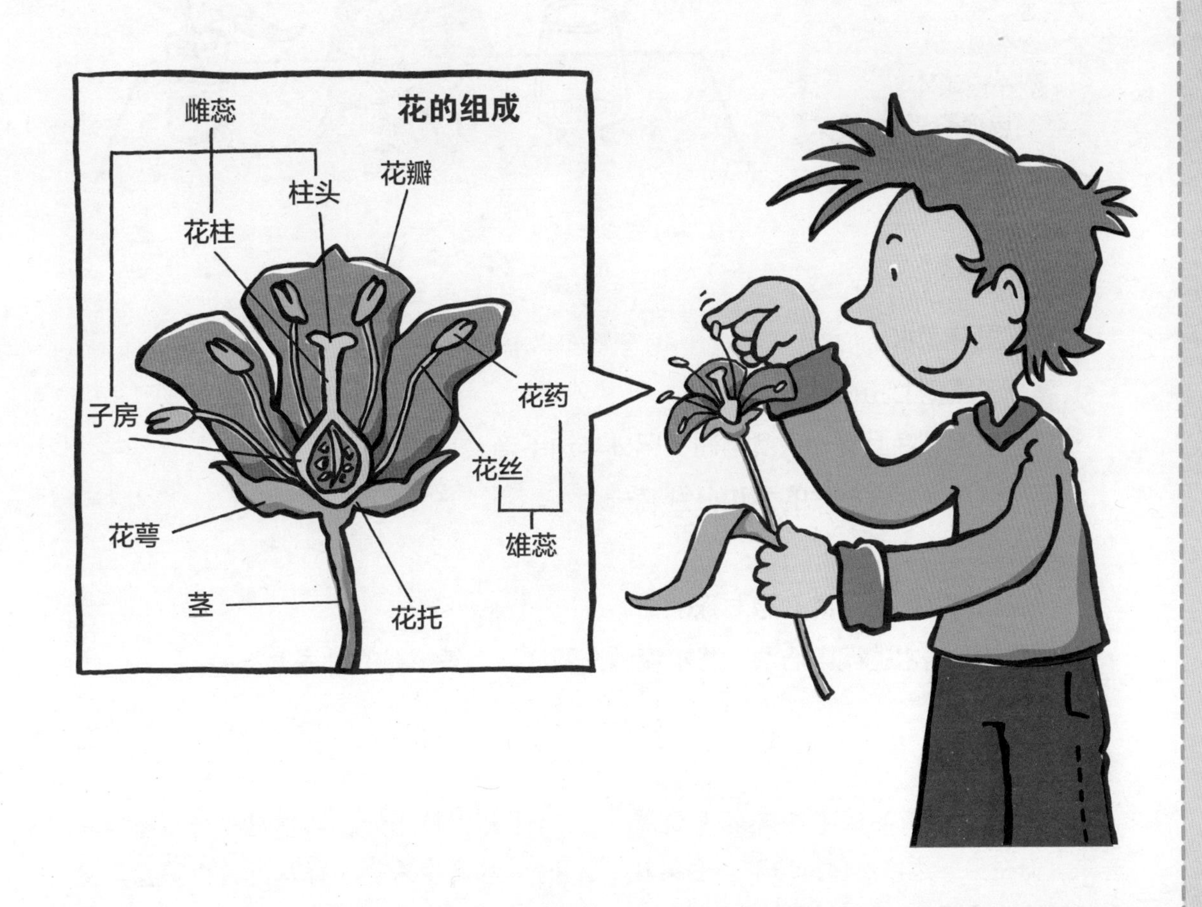

36.荷叶效应（难度：★★★☆☆）

植物是怎样抵御潮湿的?

你需要

- 1片生菜叶
- 1片郁金香叶
- 辣椒粉
- 食用油
- 水
- 1个碗
- 1个玻璃杯
- 1根棉棒

这样来做

- 在碗里装满水。
- 将杯子底朝上扣在桌子上。
- 只在半边杯底上滴一些食用油，另外半边不滴。
- 用棉棒蘸水，在杯底的两边分别滴一滴水。
- 观察两边的水滴。
- 在生菜叶和郁金香叶上撒上辣椒粉。
- 手指伸入盛水的碗中沾湿，将水滴洒在两片撒有辣椒粉的叶子上。

会发生什么

水滴在没有滴油的半边杯底上延展开来，而在另一边依然保持球形。生菜叶上的水滴也变平了。辣椒粉与水滴混在一起，形成一层暗红色的膜。而郁金香的叶子却保持干燥，当你晃动郁金香叶子时，水滴像珠子一样从叶片上滚落。这样的“水珍珠”还沾着辣椒粉，一起从叶子上滑下来了。

为什么会这样

水可以在像生菜叶这样的物质上平展开来，在表面形成一层水膜。水的渗透性和扩散性取决于物质（例如玻璃、生菜叶）表面分子和水分子之间的吸附力。在油面上，水滴依然能保持半球形，这是因为水分子之间的内聚力要大于油层表面的吸附力。

在自然界中有很多这样的花和叶（如莲、郁金香），当水滴到它们上面时，会像滴在雨伞上一样直接滚落下来。水不能附着在这些植物叶子的表面，也就不可能将叶子打湿。人们把这种现象称为荷叶效应。由于这种效应，植物的叶子得以保持干燥和清洁。防水的蜡层牢牢地覆盖在叶子的上表面。水滴从叶片上滚过，把辣椒粉（或者其他的脏东西）沾走，然后一起离开叶子。

37.扎人的叶子（难度：★☆☆☆☆）

仙人掌也有叶子吗?

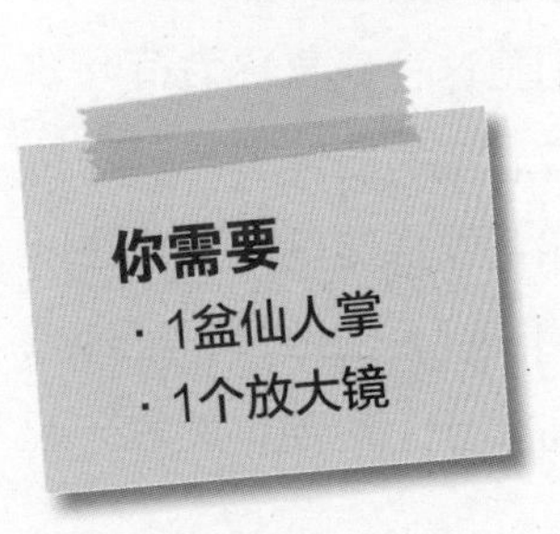

这样来做

- 在放大镜下观察仙人掌。

会发生什么

你会发现，仙人掌多刺而扎手，不好分辨茎和叶。

为什么会这样

仙人掌等肉质植物生长在干旱缺水的地区，为了适应环境，必须具备储水功能。

有些肉质植物（如芦荟）的叶子厚而多汁，还有一层厚厚的表皮防止水分的流失。

仙人掌用来储存水分的部位是它们那肥厚的茎。仙人掌的叶子退化成小刺——这样可以抵御干旱，减弱蒸腾作用（水分的蒸发）。

肉质植物尤其适合无性繁殖。人们可以选取此类植物的一部分来进行繁殖，例如，只需要掰下仙人掌的一个分枝，然后将其插入潮湿的沙质土壤里（约1厘米深）就能存活。

肉质植物　　仙人掌

38.蓝色的勿忘我（难度：★★☆☆☆）

花的颜色可以改变吗？

你需要

- 新鲜的蓝色勿忘我、风铃草或者非洲紫罗兰
- 白醋或者柠檬汁
- 温水
- 洗衣粉
- 1把小勺子
- 1把大勺子
- 2个碗

这样来做

- 往一个碗里加入一小勺洗衣粉，并倒入温水搅拌，使其溶解。
- 往另一个碗里加入三大勺白醋或者柠檬汁。
- 将蓝色的花放进盛有白醋或者柠檬水的碗中。
- 等上几分钟。
- 将花拿出来，再放进另一个碗里。

会发生什么

在白醋或者柠檬水中，花变成了红色。将花再放到溶有洗衣粉的碗里，花又变回了蓝色。

为什么会这样

花里面含有花青素，当它遇到酸性溶液时就会变色。如同你在实验中看到的那样，这种植物色素在白醋或者柠檬汁这样的酸性液体中变成了红色，而在洗衣粉水之类的碱性液体中变成了蓝色。

花青素不仅存在于植物的花里，果实（例如樱桃、橘子）或者叶子（例如紫甘蓝）中也有。

你知道吗，在有些地区紫甘蓝也被称为红球甘蓝。你肯定猜到了原因：因为它在碱性土壤中会长成蓝色，在酸性土壤中则会长成红色。

39.黑黄色的三色堇（难度：★★☆☆☆）

三色堇中间黑色的部分也有色素吗？

你需要

- 1朵黄色的三色堇
- 白醋
- 1个玻璃杯

这样来做

- 往杯子里倒入白醋。
- 将黄色的三色堇放进白醋中。
- 等上几分钟，观察花的颜色。

会发生什么

三色堇中间的小黑斑变成了红色。

为什么会这样

黄色的花或者果实中也含有蓝色的色素。一些花会有一个基本色，此外还会掺杂有一点黑色或者红色的斑点。

花瓣由于含有类胡萝卜素而呈现出黄色。那些黑色的斑点中除了含有类胡萝卜素以外，还含有遇酸可显现出红色的花青素（见实验38）。

类胡萝卜素是一种能显现出黄色到淡红色的植物色素，它分布在植物的果实、叶、花和根中。类胡萝卜素也能渗入人和动物的细胞中。当你吃一根胡萝卜时，能吸收胡萝卜素（类胡萝卜素的一种）、维生素A等物质，而这些都有利于我们的身体健康。在叶和花中，类胡萝卜素能帮助植物抵御强烈的阳光，并协助植物进行光合作用。

40.紫甘蓝（★★☆☆☆）

怎样将紫甘蓝中的红色色素提取出来？
在大人的监护下进行！

你需要

- 撕下来的紫甘蓝叶
- 自来水
- 1个锅

这样来做

- 请大人将紫甘蓝的叶子放在锅里煮上几分钟。

会发生什么

水变成了红色。

为什么会这样

紫甘蓝的叶子里含有花青素。在煮的过程中，植物细胞被破坏，细胞中的色素进入水中，把水染红了。

紫甘蓝是草本植物，属于十字花科，它的花有四片花萼和花瓣，呈十字形排列。与卷心菜和西兰花等一样，它们也是从野生的紫甘蓝演变而来的。现在，紫甘蓝已成为一种常见的蔬菜。

41.有时红，有时绿，有时蓝（难度：★★★☆☆）

紫甘蓝汁能给其他东西染色吗？

你需要

- 实验40中的紫甘蓝汁（冷却并过滤）
- 白醋或者柠檬汁
- 含碳酸的矿泉水
- 自来水
- 苏打粉
- 1个量杯
- 5个玻璃杯
- 白纸
- 1把剪刀
- 1支水彩笔
- 1把勺子

这样来做

- 在一个杯子里装入200毫升白醋。
- 在另外三个杯子里分别装入200毫升水。
- 在第一个装有水的杯子里加入2勺苏打粉，并搅拌。
- 在第二个装有水的杯子里加入2勺白醋，在第三个杯子里加入半勺（大概5毫升）白醋。
- 在最后一个杯子里倒入200毫升含碳酸的矿泉水。
- 将纸平均分成6小片，然后像插图中那样对折，做成标签，放在对应的杯子旁边。
- 往每个杯子中加入2勺（大概20毫升）的紫甘蓝汁，并搅拌。

会发生什么

紫甘蓝汁与白醋混合变成了亮红色，与苏打粉的溶液（碳酸氢钠溶液）混合变成了碧绿色，与矿泉水混合后先变成红色，然后变成紫色。

为什么会这样

紫甘蓝的色素（花青素）本身是一种酸，当它与酸性（如白醋、柠檬汁）或者碱性（如碳酸氢钠溶液、肥皂水）液体相遇时会改变颜色。

花青素在酸性液体中显现红色，在中性液体（如自来水）中显现紫色，在碱性液体中显现从蓝色到碧绿色不等的颜色。当变蓝的花青素进一步与紫甘蓝中的黄酮素——一种遇碱变黄的色素反应，就会变成碧绿色。矿泉水中含有碳酸，所以溶液一开始是红色的，随着碳酸气泡不断逸出，水中碳酸含量越来越少，后来慢慢变成了紫色。

生长在酸性土壤中的紫甘蓝，叶子里的花青素显红色，生长在碱性土壤中的紫甘蓝的花青素显蓝色。

42.红叶（难度：★★★☆☆）

红色的叶子里真的没有叶绿素吗？
请在大人的监护下进行！

你需要

- 秋天红色枫叶的叶子
- 自来水
- 食用油
- 研钵和研杵
- 锅
- 1个滤网
- 1个玻璃杯
- 1把勺子

这样来做

- 将枫叶一片一片撕下来，放进研钵里捣碎后倒入锅中。
- 往锅里加入自来水，直到叶子被完全浸没。
- 请大人将锅里的叶子煮几分钟。
- 将煮好冷却了的汤汁用滤网过滤后装进杯子里。
- 往杯子中加入一勺油并搅拌。

会发生什么

枫叶汁变成了红色。漂浮在上面的油层变成了绿色。

为什么会这样

叶子是绿色的，因为叶子中含有叶绿素。当秋天来临，叶子慢慢变成了红色或者黄色，这是由于树叶中的叶绿素在逐渐减少。但即使在盛夏时节，也有一些树的叶子是红色的，日本红枫就是其中的一种。虽然这种枫树的树叶呈红色，但其叶子中也含有叶绿素，只不过叶绿素被花青素掩盖了。

当我们将红色的枫叶捣碎，再用水煮过后，叶子中的细胞被完全破坏。这时，植物色素就跑到了水中：花青素将水染成了红色，叶绿素则被提取到油层中。

在英语中，花青素是anthocyanidin，它由两个希腊词语“anthos”和“cyanos”组合而成，分别是“花”和“蓝色”的意思。花青素就是一种会显现出红色、紫色和蓝色的植物色素。

43.访花（难度：★★☆☆☆）

所有的植物都有花吗?

你需要

- 苔藓类
- 蕨类
- 带球果的冷杉树枝
- 野花（例如雏菊）
- 1个放大镜

这样来做

- 集齐上述所有植物，并用放大镜进行观察，找一找它们的花。

会发生什么

苔藓类和蕨类似乎没有花，冷杉的树枝上只有球果。野花的花朵很明显。

为什么会这样

苔藓类和蕨类没有花，不能生成种子，依靠孢子繁殖，所以，人们称它们为孢子植物。针叶树的花呈球果状。雌性的球果花受精后能发育成果实（球果），其中包含有针叶树的种子。一个成熟的冷杉球果已经不是花了，而是一个果实。

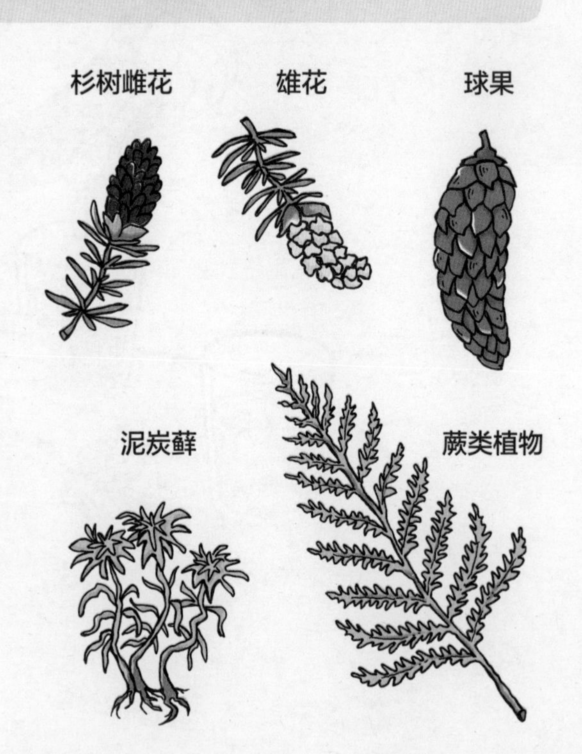

44.嘘！（难度：★★☆☆☆）

可以将机密文件藏在球果里吗？

你需要

- 1个成熟的大松果
- 白纸
- 1支水彩笔
- 暖炉

这样来做

- 将松果放在一个有暖炉的、干燥的房间里。
- 在白纸上给朋友写几句悄悄话。
- 将纸条折叠到足够小，再塞到松果的鳞片之间。
- 将松果放到潮湿的室外，多放一段时间。

会发生什么

松果的鳞片闭合了，纸条被包在里面看不见了。

为什么会这样

松果的木质鳞片在潮湿的空气中会闭合。现在，你应该知道将松果保存在哪里了吧。

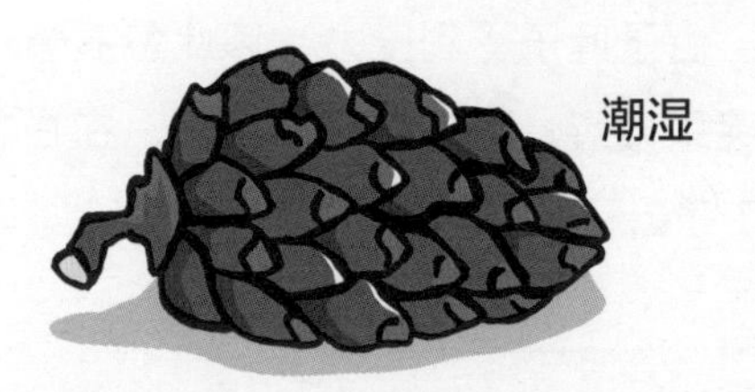

45.蕨类植物（难度：★★☆☆☆）

蕨类植物的孢子能看见吗？

你需要

- 1片蕨类植物的叶子（背面有孢子囊的）
- 白纸
- 报纸
- 1本书

这样来做

- 将蕨类植物叶子的下表面朝下放在白纸上。
- 将报纸铺在叶子上面，再在上面压一本书。
- 这样压两天，不要移动。
- 将白纸和报纸小心拿开。

会发生什么

白纸上出现了蕨类植物叶子的形状。

为什么会这样

蕨类植物并不依赖种子繁殖，而是通过孢子进行繁殖。这些孢子就位于叶子的下表面。由于叶子受到压力，因此包裹着孢子的荚果破裂，孢子被释放出来，在白纸上留下了叶子的形状。

如果你喜欢这幅“画”，可以用无色的喷漆（在文具店可以买到）为它喷上一层保护膜（一定要在通风的条件下），或者用透明膜进行塑封。

与种子不同，孢子只有一个细胞（细胞是生命体最小的组成单位，见实验3）。在自然界中，成熟的孢子通过风来传播，一棵蕨类植物一年可以生成几百万个孢子。当孢子落到理想的生长地点，即阴暗、潮湿的土壤里，便开始萌发。

蕨类植物也会长出一些小叶片形状的组织，这是它们的生殖器官。每一个生殖器官都含有雌雄两性生殖组织。通过这些组织，蕨类植物完成受精（水对于蕨类植物的受精过程极为重要），从而发育成完整的植株。所以蕨类植物既可以进行有性繁殖，也可以通过孢子繁殖。

46.震撼！（难度：★★☆☆☆）

泥炭藓喝水有多快？

你需要

- 1～2棵泥炭藓
- 1个玻璃杯
- 红墨水
- 1块计时表

这样来做

- 先将泥炭藓放置一天，让它干燥。
- 往杯子里倒入约10毫升的红墨水。
- 将干燥的泥炭藓放入红墨水中。
- 两分钟之后，观察植株被染红的部分。

会发生什么

泥炭藓被染成红色了。在3～4分钟的时间里，干燥的泥炭藓吸收了约10毫升水（更确切地说应该是墨水）。

为什么会这样

沼泽很潮湿、呈酸性且营养丰富，对于许多植物来说，这是一个理想的生活环境。沼泽中植物的残骸被分解成土壤，使土壤层不断增厚。泥炭藓可以储存大量的水分，因此在沼泽生态中具有十分重要的作用。

特有的储水细胞使泥炭藓具备远超其他植物的吸水能力。有些泥炭藓通过这种细胞可以吸收相当于自身干重20～25倍重量的水。甚至当泥炭藓已经死亡了，依然能将雨水锁定在其茎叶里。另外，泥炭藓强大的毛细管使得沼泽的水位比地下基本水位要高若干米，而这种沼泽也被称为高位沼泽。

泥炭藓没有花，只有极其简单的根和分叉的茎。植株下面的部分逐渐死亡，上面的部分继续生长。而下面死亡了的部分就形成了高位沼泽典型的泥炭土。泥炭土是由泥炭藓死亡的部分逐渐累积而形成的，厚度可以达到10厘米。

这些植物比水平面高出几厘米。每一棵植株都紧密地靠在一起，相互扶持。它们的细胞壁就像一个离子交换器，吸收雨水中的阳离子，把氢离子交换出去。氢离子就会使水变酸。

47.另一种“气象预报”（难度：★☆☆☆☆）

为什么松果会改变形状?

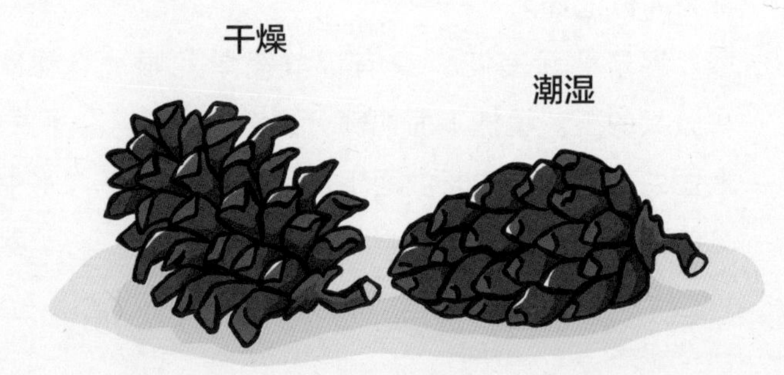

你需要

- 2个成熟的大松果
- 1个暖炉
- 空气潮湿的浴室

这样来做

- 将一个松果放在有暖炉的、干燥的房间里。
- 将另一个松果放在空气潮湿的房间里（例如，刚有人洗过澡的浴室）。

会发生什么

干燥房间里的松果，每个鳞片都张开了，而潮湿房间里的松果，鳞片都是闭合的。

为什么会这样

松树的种子在松果中（见实验43）。松果会对空气的潮湿度做出反应。当空气潮湿时，例如在雨天，松果的木质鳞片就会闭合起来，保护它的种子不被雨淋。如果空气干燥，鳞片就会打开，好让风帮它传播种子。

针叶树也没有真正的花，只有雌雄两性的球花（雌雄同株）。风将花粉从雄花带到雌花上，从而完成授粉。第一年，鳞片打开，接收花粉；第二年，鳞片闭合，进行受精。球果就是受精的雌性球花发育而成的。

针叶树的种子是裸露在外面的，没有果实，人们把这一类植物称为裸子植物。更高等的植物有真正的花，胚珠被子房包裹着，这样的植物被称为被子植物。

48.花的秘密（难度：★☆☆☆☆）

水稻也有花吗?

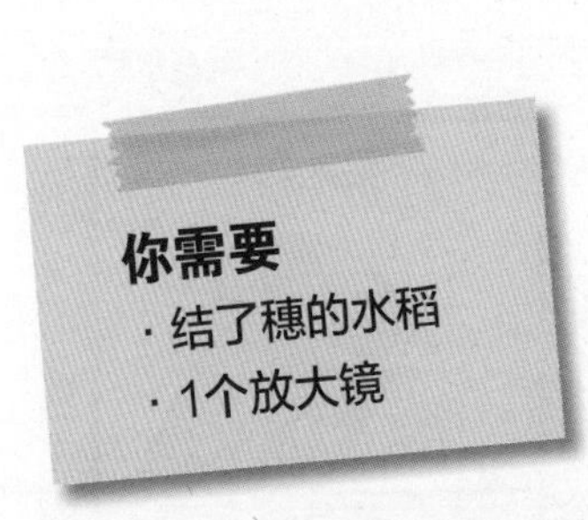

这样来做

· 在放大镜下观察水稻的穗头。

会发生什么

你会发现水稻有一些不起眼的、按一定花序排列的小花。

为什么会这样

禾本科植物虽然也是开花植物，但其花和通常意义上的花有所不同。完整的花朵已经退化了，但是带有花粉的雄蕊和带有子房的雌蕊还存在，这一点与其他的开花植物（郁金香）一样。禾本科植物的小花通常为穗状花序、圆锥花序和总状花序。花朵完成授粉后结出果实。我们熟悉的小麦、水稻、玉米、黑麦、燕麦和大麦等庄稼就是禾本科植物的果实。

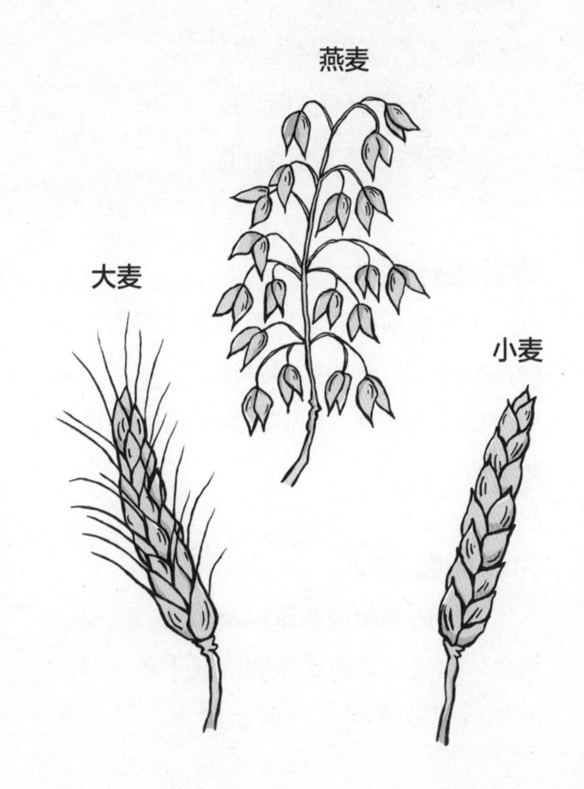

49.禾本科和莎草科（难度：★★☆☆☆）

所有禾本植物的茎都是空心的吗？

你需要

- 不同种类的禾本植物
- 1把剪刀
- 1个放大镜

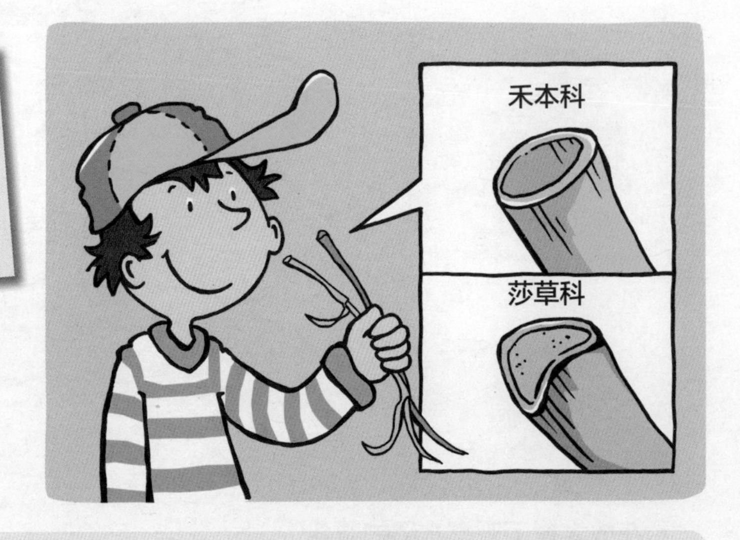

这样来做

- 收集不同的禾本植物的茎。
- 将茎的底端横向剪开。
- 观察每根茎的横切面。

会发生什么

禾本植物茎的横切面不完全相同。有的是圆形的，有的是半月形的，它们有着或薄或厚的外壁。而有些横切面甚至是三角形的。

为什么会这样

我们通常所说的草以及小麦、大麦、黑麦、燕麦之类的农作物都属于禾本科。禾本科和莎草科之间有一个很大的不同就是茎的形状。禾本科植物的茎是圆的、空心的，这可以保持植株的稳定性，同时又兼具柔韧性。莎草科植物的茎很硬，为三菱形，并且茎上没有节点。人们也称它们为“酸草”，因为这类植物体内含有硅酸，味道很不好。

50.玉米（难度：★★★☆☆）

玉米的花是什么样子的?

你需要

- 1片玉米地
- 1个放大镜
- 1把小刀

玉米的花

这样来做

- 观察玉米，寻找它们的花。
- 切下一小段没有花的茎，在放大镜下观察横切面形状。

会发生什么

你会发现玉米有两种不同的花，横切面显示茎是空心的。

为什么会这样

玉米源于墨西哥，是禾本科植物中最常被种植的一种农作物。和所有禾本科植物一样，玉米有空心的茎。玉米与其他禾本科植物不同之处在于它是雌雄同株的植物，即一棵玉米既开雄花，又开雌花。

雄花长在玉米的顶部，提供花粉；雌花长在茎的一侧，被叶子包围，雌花的柱头长可达40厘米，并且附有黏液，依靠风传播的花粉就落在这里。之后，雌花长出了玉米轴（果实就排列生长在玉米轴上）。每一株玉米有1～2个玉米轴，每个轴上大约有400个玉米粒。

51.蔬菜拼盘（难度：★☆☆☆☆）

竹笋究竟是什么?

你需要

· 竹笋罐头
· 1个罐头起子
· 1个放大镜

这样来做

• 用起子打开罐头。
• 将竹笋拿出来，在放大镜下观察。

会发生什么

被切开的竹笋不是空心的，而是类似胡萝卜和芹菜。在一些竹笋上还可以看到圆形的小孔。

为什么会这样

竹笋不是由种子发育而来的小幼苗（如豆芽），而是根向上突起的末梢。

竹子是具有坚硬木质部的禾本科植物，可以长到十几米高。它们有嫩绿的草状叶，以及漂亮的圆锥花序的花。许多品种的竹子每10～120年才开一次花，之后结出包有种子的果实，再逐渐死去。

与农作物不同，竹子通常不依靠种子繁殖，而是靠地下根状茎分裂出新芽进行繁殖。长30厘米、直径7厘米的竹笋就是竹子的“芽”。它像芦荟一样，从土里钻出来，上面还长有多毛的、深褐色的硬叶。切好的嫩竹笋看起来像淡黄色的肉块，并且中间还有一个狭长的空隙。

竹笋是不能生吃的，因为含有毒

素，而这些毒素可以通过烹饪分解掉。罐装的竹笋是已经切好烹饪过的，因此可以直接食用。另外，竹叶和竹笋是大熊猫最喜爱的食物。

蔬菜拼盘

请在大人的监护下进行！

你需要

- 50克蘑菇
- 2根胡萝卜
- 3棵葱
- 1罐竹笋罐头
- 3勺油
- 3勺酱油
- 一点辣椒粉
- 少许糖和盐

这样来做

1. 将蔬菜洗干净，切成条、块或丁。
2. 在平底锅里倒上油，将新鲜蔬菜在锅里翻炒几分钟。
3. 将竹笋也加进去，稍微加热一下。
4. 最后用酱油、辣椒粉、糖和盐调味。

自制蔬菜拼盘做好了，祝你有个好胃口！

52.庄稼的茎（难度：★☆☆☆☆）

为什么倒伏的茎很快就会站起来？

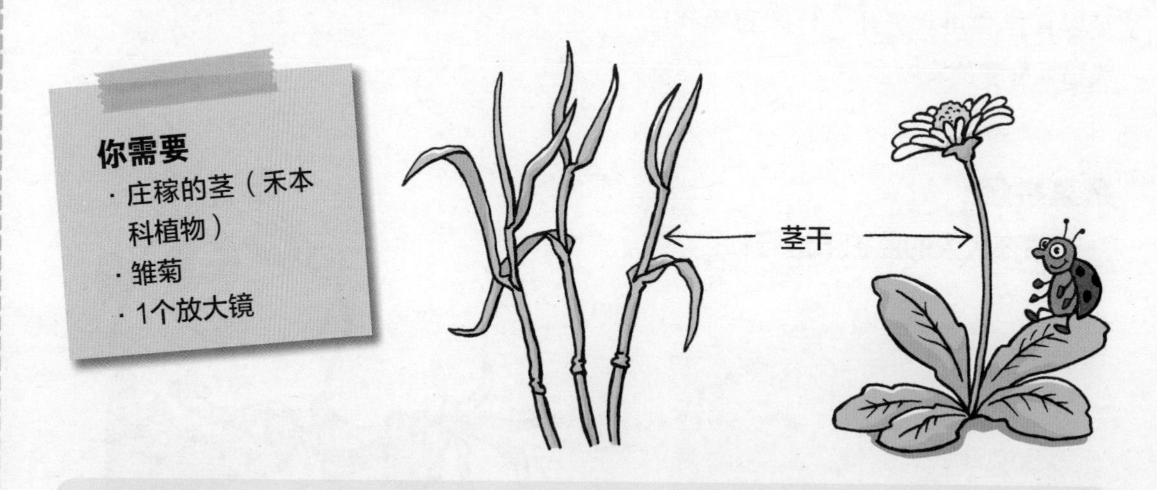

你需要

- 庄稼的茎（禾本科植物）
- 雏菊
- 1个放大镜

这样来做

- 将两种植物并排放在一起，用放大镜观察它们茎的构造。

会发生什么

你会发现庄稼的茎上是有节点的，而雏菊的茎上没有节点。

为什么会这样

与雏菊不同，庄稼的茎突然被折弯后，会很快重新直立起来。这和庄稼茎干上的节点有很大的关系。节点能够起到固定植株的作用，并且提供支点。节点的表面有一个可以迅速生成新细胞的组织。所以当茎干弯折时，细胞可以快速分裂，让茎重新站起来。

雏菊是一种菊科植物。它的茎上没有节点，茎一旦被折断，就不可能重新直立起来。雏菊的茎弯折了，输送水的渠道也就被掐断了，花很快也就枯萎了。相对庄稼来说，雏菊需要很长时间才能重新长出一根茎来。

53.薰衣草浴（难度：★★★☆☆）

薰衣草花可以用来沐浴吗？
请在大人的监护下进行！

你需要

- 3勺薰衣草干花
- 水
- 1个茶壶
- 1个杯子
- 1个滤网

这样来做

- 往茶壶中加水并煮开。
- 将薰衣草花倒入茶壶中，让薰衣草花与水完全混合。（请大人帮忙煮水）
- 静置15分钟。
- 将冷却的溶液过滤后装入茶杯。
- 放好洗澡水，加入配好的溶液。

会发生什么

洗澡水散发出薰衣草的香味。当你洗澡的时候，很快就会感觉到浑身轻松并充满困意。

为什么会这样

薰衣草花含有香精油，香精油可以在热水中溶解，并散发出香味。当你吸入香精油分子以后，就会感到浑身轻松。

薰衣草属于唇形科植物，生长在地中海一带。法国郊区大片的紫色薰衣草尤为出名。不过，将薰衣草种在阳台上，到了夏天它一样也能开花，花期在七月和八月。薰衣草花的颜色从蓝色到紫色不等，其所含的香精油和色素有一定的医疗功效（例如能缓解上腹疼痛、神经紧张、偏头痛等）。

在自然界中，植物散发出的香气也可以阻止食草性动物吃掉植株。

54.哎哟（难度：★★☆☆☆）

荨麻为什么会带给人烧灼感？

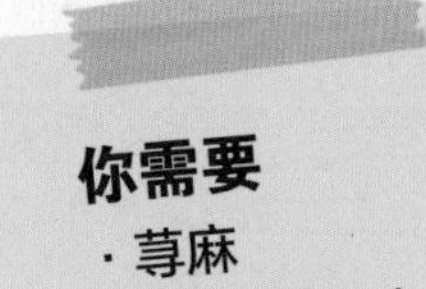

你需要

- 荨麻
- 1双橡胶手套
- 1个放大镜

这样来做

- 戴上橡胶手套，用放大镜从各个角度观察荨麻。
- 脱下手套，用手小心地触摸荨麻的叶子。

会发生什么

在放大镜下，你会看见在荨麻叶的边缘和下表面有许多小刺（刺毛）。这些尖锐的硬刺遍布荨麻的叶和茎。当你用手从下往上触碰叶子时，不会伤到手。

为什么会这样

当人们不小心触碰到荨麻时，皮肤会感觉火辣辣的，并且还会出现红肿。但是，如果你知道正确的方法，那么在摘荨麻叶时就不会被它的尖刺所伤。

荨麻的硬刺分布在叶子的表面，硬刺的尾端有一个小头，从这里可以很容易将小刺折下来。当人们从上往下碰触叶子时，刺尖会被折断，折断后的刺尖会像针一样刺进皮肤里；同时，小小的刺里还会释放出一种含有蚁酸的液体，让伤口处具有烧灼感。而当人们从下往上触摸叶子时，刺上的小头不会那么容易脱落，皮肤也就不会有烧灼的感觉。

荨麻的刺其实具有一种保护作用，这样荨麻就不会被动物吃掉了——牛就很少吃这种带刺的东西。未成熟的荨麻叶上是没有这些刺的，而且吃起来就像是撒上了盐之类的调味料一样，口感非常好。另外，荨麻中含有植物纤维，加工后的荨麻还可以用来织网、纺线等。荨麻汁（水煮后的汁液）可以作为黄色的染料，或者制成药剂，用来预防蚜虫虫害。

55.雪花莲（实验难度：★★★★☆）

早春实验！

雪花莲为什么可以在冰天雪地里开花?

你需要

- 雪花莲
- 1个铲子
- 1个放大镜

这样来做

- 将一株雪花莲连根拔起。
- 在放大镜下观察雪花莲。

会发生什么

你会看到白色的雪花莲被绿色的细长叶子包围，茎的下端部分像一个大洋葱，从这里又分出了许多条根。

为什么会这样

细长的叶子能帮助花朵抵御严寒。等到暖和一点的时候（8～10℃），植株周围的雪都融化了，雪莲花才会探出头来。

雪花莲只在早春时节长叶、开花，而生长所需的营养物质在上一年的夏天和秋天就已经准备好了。营养物质被储存在洋葱状的鳞茎中。绿叶可以自己生成糖，这些糖也被储存在鳞茎里。

在英语中雪花莲叫作“snowdrop”，字面意思是“雪滴”——很遗憾，这么美的名字却被赋予了一种有毒的花。

56.银莲花（难度：★☆☆☆☆）

银莲花的“根”为什么那么长?

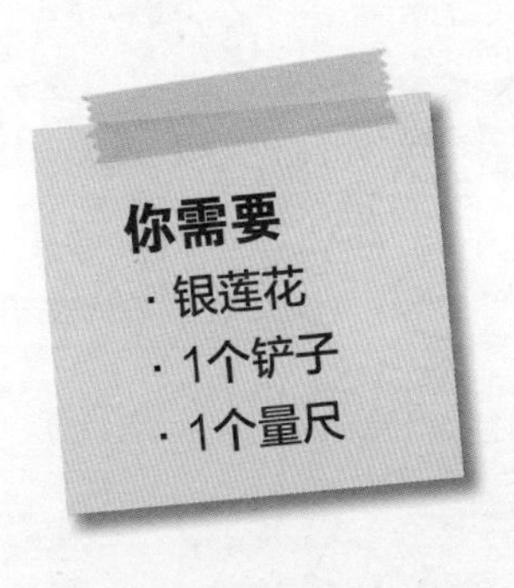

这样来做

- 将一株银莲花连根挖起。
- 用尺子量一量银莲花“根”的长度。

会发生什么

你会发现银莲花的“根”有30厘米长，对于这么小的一株花来讲实在是太长了。

为什么会这样

银莲花只在春天长叶、开花。夏天、秋天和冬天时，它休养生息，只有地下部分还在继续生长。银莲花蜿蜒的根状茎可以储存营养物质，供春天生长所需。春天来临，它依靠根状茎里存储的营养物质发出新芽，抽出第一片叶子。

早春时节，树木几乎都是光秃秃的，这恰好可以让银莲花获取充足的阳光来进行光合作用（见实验6），然后生成营养物质，用于生长、开花。

银莲花通过昆虫传播花粉，而它的种子可以通过蚂蚁传播出去。

不仅仅是雪花莲和银莲花，所有在早春开花的植物，地下部分都是储存营养物质的器官（例如球茎、块茎、根状茎等），可以使植株较早地生长发育。

银莲花生长在稀疏的草地上，由于树木这时还不那么茂盛，草地上晃动的白色银莲花格外耀眼。

57.复制树皮（难度：★☆☆☆☆）

所有树的树皮都是一样的吗？

你需要

- 不同的树（如山毛榉、杨树、苹果树）
- 白纸
- 1支水彩笔
- 胶水

这样来做

- 在树林或公园里，把一张纸铺在树干上。
- 将纸固定好，然后用彩笔在纸上涂色。

会发生什么

树皮的图案被印在白纸上。比较从不同的树上拓下来的图案，你会发现这些图案都不一样。如果你再摘一片叶子贴在对应的树干图案下面，就可以做一本自己的树木鉴识图谱了。

冬季，落叶树的叶子落光时，树皮的图案就是辨别树种的依据。如果树木生长在温暖干燥的地区，那么为了更好地适应那里的环境，树皮通常会更厚一些。

为什么会这样

树是具有根、茎和树冠的木本植物。树木存活的时间越久，树干就越粗壮。树皮包裹着树干和树枝，保护树木不受干旱、大火、疾病和有害物质的侵袭。

58.树皮纸（实验难度：★★★★☆）

树皮也可以作为便笺吗?

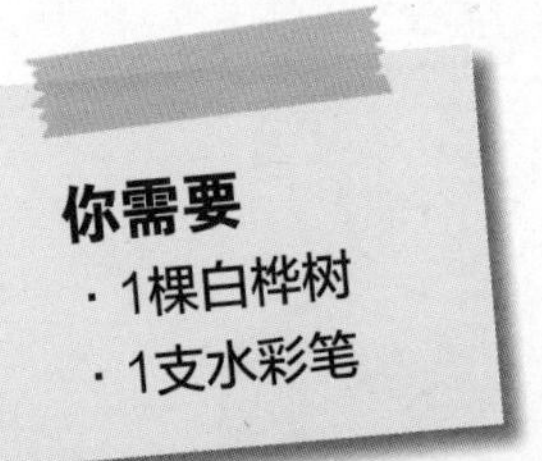

这样来做

- 观察白桦树的树皮，感受一下它的质感。
- 撕下一片树皮。
- 用水彩笔在树皮上写字。

会发生什么

你会发现：白桦树的树皮十分平整，并且泛着银白色，上面还有一些灰色的横纹；树皮的表面被一层薄薄的物质覆盖，感觉像纸一样，可以在上面写字。

为什么会这样

白桦树是一种生长速度很快的树，这一点从其白色的树皮上就能看出来。白桦树的树皮被植物学家称为“周皮”，那些深色的条纹线叫作“皮孔”。白色的树皮源自一种白色色素桦木醇（唯一一种真正的白色色素）。由于生长迅速，白桦树的外皮会被撑开。因为树皮质软并且可弯曲，所以人们很早就用它来做盒子、垫子、篮子、鞋和背包等。

人们可以沿着树干上整齐的条纹将它的白色树皮剥落，但是这些条纹经常被一些黑色物质所覆盖。美洲的原始居民将它作为纸的代替品。这种树皮还具有防水性，常被用作独木舟的外部覆盖物。

59.木塞的反作用力（难度：★★★☆☆）

软木塞真是既不怕水也不怕火吗？
请在大人的监护下进行！

你需要

- 2个软木瓶塞
- 水
- 1个碗
- 1根蜡烛
- 火柴

这样来做

- 在碗里装满水，将一个软木塞扔进去。
- 请大人点燃蜡烛，然后将第二个软木塞放在火上烤。
- 观察这两个软木塞。

会发生什么

第一个软木塞浮在水面上，将它拿出来时，水直接从木塞上滚落下来。放在火上烤的软木塞一开始冒出一点火星，但很快就熄灭了。这个软木塞被熏黑了，但是它既没被烧着，也没有被烤热。

为什么会这样

软木塞不是热的良导体，也没有很好的吸水性，并且不易燃烧。它可以在水面上漂浮，因为它是由一些已经死亡的、内部充满空气的细胞组成的，密度比水小。软木塞细胞壁中含有的物质能使软木塞保持特定的形状，同时具有弹性。

软木瓶塞是由一种叫欧洲栓皮栎的常青树的树皮制成的，这种树生长在欧洲南部和非洲西北部，它的树皮中有软木层，软木层耐热、防寒、抗旱，可以帮助树木度过漫长的旱季，以及在地中海地区经常发生的森林火灾中幸存下来。

这种厚达几厘米的软木层除了可以用来做软木塞以外，还可以作为鞋底和桌布的原材料。

60.年轮（难度：★☆☆☆☆）

怎样确定树木的年龄?

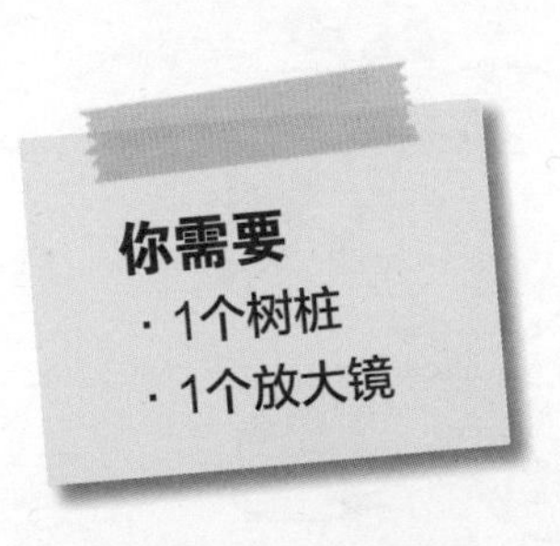

这样来做

· 分别用眼睛和放大镜来观察树桩的横切面。

会发生什么

树桩的横切面上有许多环状的图案。在放大镜下仔细观察，你会发现这些环的颜色有深有浅，且大小不一。

为什么会这样

树木在生长过程中，年轮会不断增加，树干也会越来越粗。每年，树木一般都会新增加一圈年轮。树木生长的快慢取决于外界条件，如天气、气候、土壤、水和营养物质等。一年中不同的季节，环境也不同，树的年轮也不太一样。在冬天或者旱季，树根处于休眠期，树木不会生长。春天时，气候温暖，营养充足，树干新长出来的部分（木质部）是由细胞壁薄的大细胞组成的，颜色较浅，排列松散。到秋天，树木生长缓慢，所产生的新木质部细胞体积小，细胞壁较厚，所以颜色比较深。

树木的年龄可以通过数它们的年轮得知，而且从年轮的生长情况，还能知道当年的气候状况。例如，年轮较宽说明当年气候适宜，树木生长顺利。

61.树叶标本（难度：★★☆☆☆）

通过叶子的形状可以区分不同的树木吗？

你需要

- 不同的树叶（如橡树、枫树、山毛榉、榆树）
- 报纸
- 书
- 彩纸
- 胶水
- 活页夹

这样来做

- 将树叶并排放在桌上，对照插图进行比较或者查阅书籍，弄清楚它们是什么树的叶子。
- 将叶子夹在报纸和厚书之间，直至树叶完全干燥。
- 用胶水将压好的叶子粘在彩纸上，并做好注释。
- 用活页夹将树叶标本集中保存。

会发生什么

树叶标本珍藏册就做好了。

为什么会这样

树木的形状、年轮、叶子、花和果实都不一样。树木的叶子和花都可以被制作成标本。那么，什么是标本呢？这里是指人们收集的干燥、压平后的植物。

62.开花的树枝（难度：★☆☆☆☆）

为什么有些花在冬天也能绽放?

你需要

· 有冬芽的阔叶树树枝（如樱桃树、李子树、扁桃树、连翘、柳树、榛树、桦树）

这样来做

- 12月初时剪下一段树枝，将它插入装有温水的花瓶里。
- 将花瓶放置在冰冷的房间里几天，然后再拿回温暖的房间里。

会发生什么

枝条上开出了花，长出了叶。

为什么会这样

许多阔叶树会在寒冷的时节长出冬芽，也就是那些幼小的、还未发育成熟的叶子或花。这些冬芽外面大多包有一层用于抵御干旱和寒冷的芽鳞片。当春天天气回暖时，这些芽就伸展开来，随之脱落，只留下一圈环形的痕迹。

冬季时，将长有冬芽的枝条插到水中，并放置在温暖的房间里，会让这些枝条误以为春天已经来了。于是，它们的芽就萌发了。

西方有些国家的人认为，在12月4号被剪下来插入花瓶里的枝条叫作芭芭拉枝，用来庆祝圣芭芭拉节。根据基督教的说法，芭芭拉在被处死之前，用几滴水使一根干枯的樱桃树枝重新开花，这也给了她即将结束的生命以安慰。所以，人们认为在圣诞节开花的树枝会带来好运气。

63.墨水（难度：★☆☆☆☆）

夏季实验！

虫瘿可以做出墨水来吗？
请在大人的监护下进行！

你需要

- 带有虫瘿的橡树叶
- 浓度为70%的酒精（药店有售）
- 1个玻璃杯
- 1把小刀
- 5个生锈的铁钉

这样来做

- 请大人往杯子中倒半杯酒精，将5个生锈的铁钉放入酒精中。
- 用小刀将虫瘿对半切开，放进杯子里，然后静置两天。

会发生什么

杯子中的液体变成了深紫色，最后变成了黑色。

为什么会这样

有些阔叶树的树叶上会长一些瘤状突起，叫作虫瘿。这些虫瘿其实是瘿蜂等昆虫在植物叶子上产卵形成的：昆虫在植物叶子上产卵，叶片受刺激后，细胞加速分裂长成畸形瘤状突起。昆虫的卵就在虫瘿的保护下孵化。

虫瘿中含有的鞣剂可以除锈（铁的氧化物），并且能生成黑色的铁化合物。中世纪时，人们就发现这样可以制墨水和颜料。人们在中世纪用另一种铁的化合物（硫酸亚铁）代替铁的氧化物来生产墨水。

在一份中世纪的文献中这样记载道：

将虫瘿切成碎末，加入雨水或啤酒混合，再加入适量的硫酸亚铁，静置几天后，就是很好的染料或墨水。当你打算写字时，就加点阿拉伯胶（一种增稠剂），再用火微烤一下，这样的墨水书写起来就十分流畅了。

这种墨水适合用羽毛管笔书写，不适合用现代的钢笔书写。当你用这种墨水在纸上书写时，里面含有的铁元素与空气中的氧气反应，使写出来的字呈深黑色。有时它也会损坏纸张。德国作曲家约翰·塞巴斯蒂安·巴赫经常用这种墨水写乐谱，但墨水中所含有的硫酸盐随着时间的推移会生成硫酸，从而腐蚀乐谱。

64.根的力量（难度：★☆☆☆☆）

春季实验!

水是怎样从根到达还没有长叶的枝条的?

请在大人的监护下进行!

你需要

- 1棵活的没有长叶的灌木
- 1把园林剪刀

这样来做

- 请大人用园林剪刀在最靠近根的部位将灌木枝条剪下来。
- 观察断面。

会发生什么

断面上有液体渗出。

为什么会这样

为了在春天能够长叶、开花，根必须将水和营养物质运送到光秃秃的树枝。植物通过叶片上进行的蒸腾作用将水分从下面吸上来，这种力叫作“蒸腾吸力”。

根通过毛细作用和蒸腾作用产生了向上的压力（见实验72），再通过导管进行运输。当你割开一棵多汁的树，就会有液体流出来。

春天的树汁特别受啄木鸟的欢迎。它们用长长的喙凿开树干，树汁就会涌出来，这些树汁是啄木鸟最喜爱的饮料。啄木鸟这样凿树皮会在树干上留一圈环形的痕迹，被称为环状剥皮。

65.叶的比较（难度：★☆☆☆☆）

长期实验！

为什么冷杉的针叶在秋天时也不会脱落？

你需要

- 1片阔叶树的树叶（如山毛榉、橡树、枫树）
- 1根云杉或冷杉的树枝
- 1个盘子

这样来做

- 将云杉或冷杉的针叶拔下来，与阔叶树的树叶一起放到盘子里。
- 观察几天。

会发生什么

阔叶树的树叶枯萎了，变得易碎。云杉或冷杉的叶子还是原来的样子。

为什么会这样

云杉和冷杉属于常绿针叶树，它们的叶子呈针形。这种叶子的表面积小，外面还有很厚的一层防水表皮，气孔深藏在表皮之中，有助于抵御干旱。

阔叶树树叶的表皮很薄，气孔也不深，表面积较大，因此会通过叶片会散失更多的水分。这样树木就不容易度过冬季。为了过冬，阔叶树在秋天会落光叶子，以减少水分的蒸发。云杉和冷杉的针形叶十分耐旱，即使面对严寒也能安然无恙，所以可以四季常青。

66.运输路线（难度：★★☆☆☆）

白桦树的树汁来自哪里?

请在大人的监护下进行!

这样来做

· 请大人在白桦树的树枝上割一个小口子（不要将整根树枝都切下来！树干可以承受较小的伤口）。

会发生什么

切口处有液体涌出来。

为什么会这样

白桦树的树枝由不同的组织组成。最外面一层是死去的细胞，它们可以起到保护作用。再往里是韧皮部、形成层和木质部。

木质部可以运输水分，也具有储存和固定的作用。树干中储存的物质会被运走，但像树脂、鞣剂和色素这样的附属品被木质化的细胞壁吸收，然后细胞逐渐死亡。

韧皮部中的管道负责运输光合作用所产生的糖。

春天，植物将储存的糖类化合物通过韧皮部运输到各个部分，促进抽芽、长叶。同时，大量水分也由根部被输送到各个部分。将白桦树枝切开，富含糖的汁液就流了出来。白桦树的汁液还被用来制作饮料和酒。

67.秋天的阔叶树（难度：★☆☆☆☆）

长期实验！

为什么阔叶树在秋天落叶？

你需要

- 1根阔叶树的树枝
- 1个花瓶
- 自来水

这样来做

- 在春天或者夏天折下一根阔叶树或者灌木的枝条，枝条上至少要有4片叶子。
- 在花瓶里装满水。
- 将枝条插入花瓶，观察几天。

会发生什么

几周之后（最迟4周以后），叶子全部干枯、变黄，但是并没有（立即）脱落。

为什么会这样

秋天白昼变短，日照时间也逐渐缩短，阔叶树的叶片作为感受器感知到这一信号后，生长激素就会减少，而脱落酸、乙烯等物质会逐渐增加，最后出现落叶现象。在叶柄和树枝之间有一层软木分割层，它可以在秋天时控制水分不再被运送到叶子里去。所以，叶子逐渐枯萎，与树枝脱离，最后随一阵微风静静飘落。落叶后的树木减少了水分和养分的损耗，并把营养物质转运到根、茎和芽里存储起来，然后，树木就可以度过寒冷的冬天。

68.松针（难度：★★☆☆☆）

可以从松针判断出树的木质是软还是硬吗？

你需要

- 带有针叶的不同种类松树的树枝（如白松、油松、红松）
- 1根云杉或冷杉的树枝

这样来做

- 仔细观察这些针叶。
- 将这些针叶扎成一小捆。

会发生什么

云杉或冷杉的针叶单根生长。松树上的针叶可能两个、三个或者五个一簇长在树枝上。

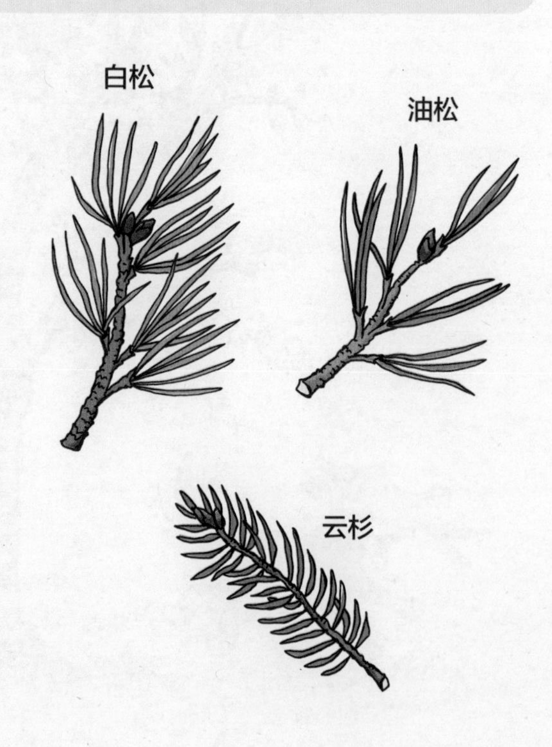

为什么会这样

与云杉或冷杉相比，松树的针叶要更长一些。根据针叶的不同，松树总体可以分为两大类：木质较软，五个叶子一簇（如白松）；木质较硬，叶子两个或三个一簇（如油松）。

69.胡萝卜的颜色（难度：★★★☆☆）

怎么样才能看到胡萝卜的色素?
请在大人的监护下进行!

你需要

· 1根胡萝卜
· 自来水
· 食用油
· 厨房里用的刨子
· 1个玻璃杯
· 1把勺子
· 1个啤酒杯垫子

这样来做

- 请大人用刨子将胡萝卜刨成丝。
- 将胡萝卜丝放到杯子里。
- 加入自来水，浸没胡萝卜丝。
- 往杯子里加入2~3勺食用油。
- 用垫子盖住杯口，并用力摇晃。

会发生什么

油变成橘黄色，漂浮在水面上。

为什么会这样

胡萝卜属于蔬菜，由野生的胡萝卜培育而来。我们通常食用胡萝卜橘红色的根。除了糖和矿物盐，胡萝卜中还含有许多维生素，因此吃胡萝卜有益于身体健康。为什么胡萝卜呈橘红色？这是由于胡萝卜中含有丰富的胡萝卜素。胡萝卜素在人体内会转化成维生素A。

当胡萝卜被刨成丝后，它的细胞被破坏，细胞液就流了出来。胡萝卜素溶于油，让油层变成橘红色。因为油的密度比水的密度小，所以浮在水面上。

70.放大镜下的胡萝卜（难度：★★☆☆☆）

胡萝卜是由哪些部分组成的?

你需要

· 1个带有叶子的胡萝卜
· 1个放大镜

这样来做

- 用放大镜观察胡萝卜。
- 将胡萝卜切成两半，用放大镜观察胡萝卜的切面。

会发生什么

胡萝卜的表面长有一些细小的须。通过横截面，你可以看到两个圆，里面的圆为深橘红色，外面的圆颜色浅一点，且环绕着里面的圆。

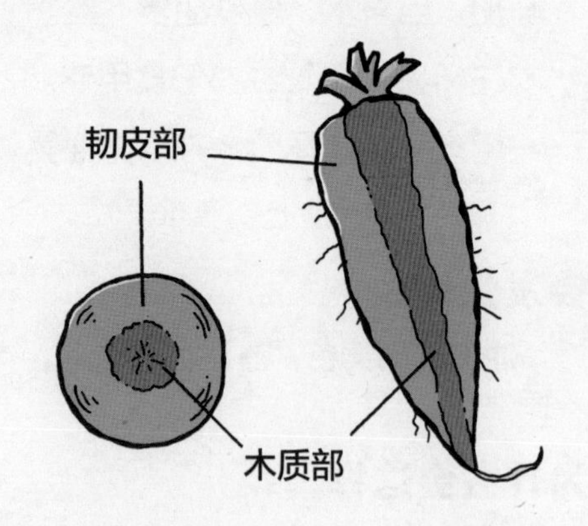

为什么会这样

许多植物的根像胡萝卜一样含有大量的营养物质，可以食用。胡萝卜有很粗的柱状根，这是胡萝卜的主根。这种根为了吸收土壤深层充足的水分，拼命地向下生长。主根上还长出来一些细须，你已经猜到这些就是须根了吗？须根吸收土壤中的水分和营养盐，这些物质再通过导管被运输到叶和花那儿。

颜色较深的圆是胡萝卜的木质部，负责运输被溶解的营养盐。颜色较浅的圆环中包含韧皮部，可以运输叶子所生成的糖。

71.胡萝卜秋千（难度：★★☆☆☆）

你知道胡萝卜哪边是上哪边是下吗？
请在大人的监护下进行！

你需要

- 1个长有绿叶的胡萝卜
- 水
- 1把小刀
- 1根长竹签
- 细绳
- 1把勺子

这样来做

- 用小刀将胡萝卜从较粗的那端切下来一段。
- 请大人用小刀将切下来的胡萝卜中间掏空，做成一个小碗的形状。
- 将竹签插到胡萝卜上，再在竹签两端用细绳固定（如图所示）。
- 把胡萝卜悬挂在有阳光的窗台上，有叶子的那头朝下，并按时往胡萝卜小碗中加水。

会发生什么

虽然胡萝卜头朝下，但胡萝卜的绿叶仍向上生长。

为什么会这样

所有的芽都是背向地心生长的。这种现象可以用“向性”（见实验90）来解释。实验中的胡萝卜倒悬着，但它的叶子还是向着远离地心的方向生长。

72.皱皱巴巴的土豆（难度：★★★☆☆）

土豆会在水中缩水吗？

你需要

- 1个生土豆
- 自来水
- 蒸馏水
- 2个玻璃杯
- 3～4勺盐
- 1把小刀
- 1块砧板

这样来做

- 在两个杯子中分别装入自来水和蒸馏水，往装有自来水的杯子里加入3～4勺盐并搅拌，直到盐完全溶解。
- 给土豆去皮，并切成小块。
- 在两个杯子里分别放入几块土豆。

会发生什么

2～3小时后，盐水里的土豆变得皱皱巴巴，摸起来像橡皮一样——这块土豆失水了。蒸馏水中的土豆反而膨胀起来。

为什么会这样

为什么土豆会有不同的变化呢？弄清楚这个问题前必须先理解几个基本概念：细胞壁和细胞内物质之间有一层细胞膜（见实验3），这是一层半透性薄膜：只有某些特定的液体可以进出细胞。例如，较小的水分子就可以毫无阻碍地进出细胞膜，而大分子物质会被细胞膜阻挡在外。这意味着，在这个实验中水分子可以透过薄膜，而盐却不可以。

根据渗透的原理（见实验24），如果不同浓度的盐水被一层半透膜隔开，那么水会从含盐量低的一边流向含盐量高的一边，直到两边的浓度完全相同。这种能使液体从低浓度向高浓度流动的压力被称为渗透压。

现在，再回头看我们这个实验。

植物的根从土壤中吸收水分，然后将水分运输到每一个植物细胞中。土豆被去皮切成块，所以含水的细胞液就可以流出来了。

在不含盐的蒸馏水中，土豆鼓了起来，这是因为土豆细胞中的含盐量比蒸馏水的含盐量高，因此水分子进入土豆细胞中，使土豆鼓起来。盐水中的土豆细胞失水则是因为水中的盐浓度比土豆中的高，土豆细胞因而大量失水，土豆块就变得皱皱巴巴，摸起来像橡皮一样。

土豆在盐水中失水

土豆在蒸馏水中吸水

73.无性繁殖（难度：★★☆☆☆）

没有种子，植物也可以繁殖吗?

你需要

- 2个（干瘪的）土豆
- 1个装满水的碗
- 2个托盘
- 餐巾纸
- 1个装有水的喷雾瓶

这样来做

- 将两个土豆在水里泡上几个小时。
- 在两个托盘上都铺上餐巾纸，再用喷雾瓶往纸上喷水，将表面打湿。
- 在每个餐巾纸上放一个土豆。
- 将一个托盘放在有阳光照射的地方，另一个放在黑暗的地方。

会发生什么

1～3天后土豆就发芽了。处于黑暗环境下的土豆长出了细长的、透明的芽。在阳光下的土豆芽则更为粗壮，绿油油的，并且很快就长出了叶子。

为什么会这样

在黑暗环境中的土豆芽更长一些，因为它们更渴望阳光。在阳光下的土豆芽又粗又绿，因为阳光促进叶绿素的生成，使植物可以进行光合作用，生成自身所需的营养物质。

土豆很好吃，但我们吃的并不是果实，而是埋在地下的块茎。块茎可以储存营养物质。

土豆的茎和叶中含有茄碱（一种有毒的生物碱），不能食用。但块茎是没有毒的，它生长在地下茎的末梢上。

所谓土豆的“眼”是指土豆上的小凹

坑，那里能长出侧芽。已经长出侧芽的土豆含有大量茄碱，不能食用。鳞状的小叶片从土豆“眼”上伸出来后会发育成一棵完整的植株。

植物不仅可以进行有性繁殖，即通过传粉、受精来繁殖，还可以进行无性繁殖。这种通过块茎进行的繁殖就可称为无性繁殖，例如草莓根的末梢就可以发育成一根新的茎。土豆是通过地下的块茎来储存养分的。依据土豆的“眼”将土豆切块，就可以人工繁育出新的土豆。

土豆植株

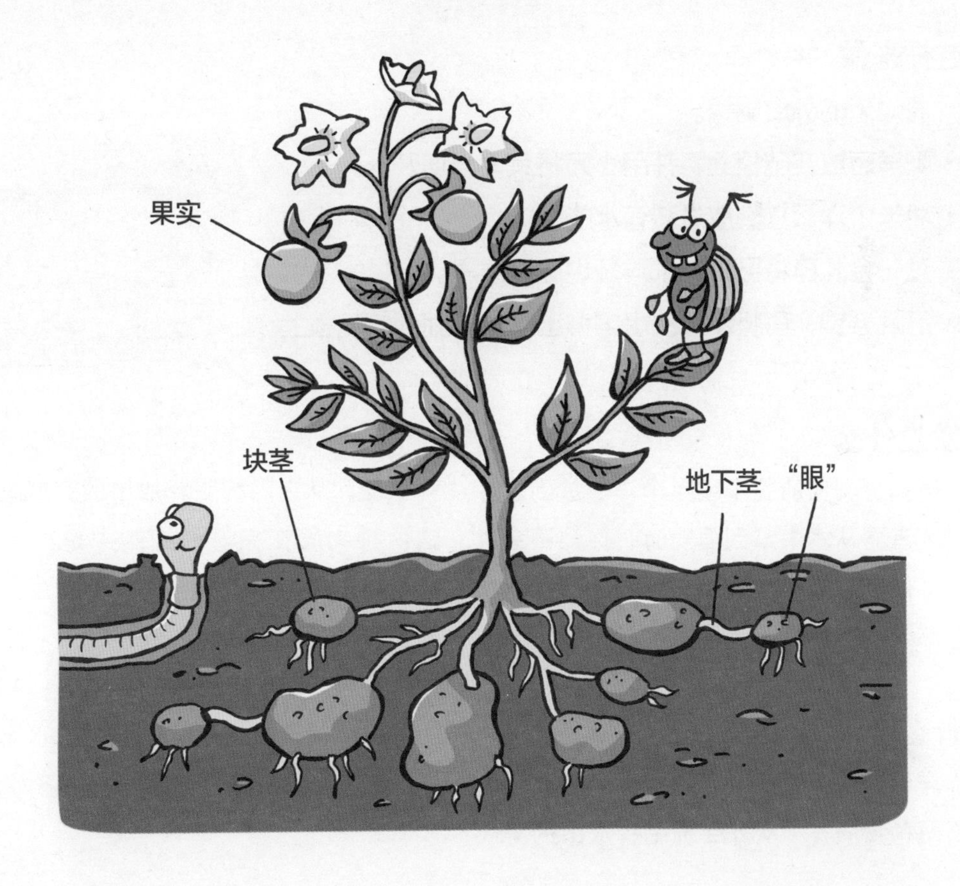

74.“眼泪工厂”（难度：★★★☆☆）

为什么切洋葱的时候会流眼泪？

- 1个洋葱
- 自来水
- 1块砧板
- 1个碗
- 1把小刀

这样来做

- 将洋葱的外皮剥掉。
- 把洋葱放在砧板上，并用小刀将其对半切开。
- 将半个洋葱立刻放进装有水的碗中。
- 过一会儿再将另外半个洋葱也放进水里。
- 等几分钟，再将洋葱从水中拿出来放到面前的砧板上。

会发生什么

当你将剥皮的整个或半个洋葱放到水中，或者再从水中拿到面前时，你都不会流泪。但是，如果你直接将新鲜的洋葱切开，那么很容易被呛到而流泪。

为什么会这样

洋葱被切开后细胞遭到破坏，从而释放出两种物质——从外层细胞释放出的异蒜氨酸和从内层细胞释放出的蒜氨酸酶。这两种物质在完好的细胞中是相互隔开的，但当它们碰到一起时就会产生一种新的物质。

这种新物质会在空气中上升，刺激人的眼睛。如果将切开的洋葱放进水里，那么刺激性的物质就会溶解在水中。

75.长在地下的洋葱头（难度：★☆☆☆☆）

长期实验！

将洋葱放在水中会长出什么来呢？

你需要

· 1个洋葱
· 1个装有水的玻璃瓶子

这样来做

- 将洋葱放进瓶子里（水的深度如图所示）。
- 等上几周，这段时间注意补充水分。

会发生什么

洋葱没入水中的一端长出根来了。

为什么会这样

我们吃的洋葱其实是洋葱长在地下的鳞茎，它们排列成球形，并且能储存营养物质。洋葱下面长出来的根可以吸收水分。通常人们把已经长出根来的洋葱种在温暖潮湿的土壤中，然后它就会向着有光的地方生长，并长出叶子。

76.绿色的芽（难度：★★★☆☆）

芽可以直接从根上长出来吗？

你需要

- 红萝卜、白萝卜、胡萝卜和其他食根类蔬菜
- 1个盘子
- 1个小刀
- 卫生纸
- 1个装有水的喷雾瓶

这样来做

- 将卫生纸铺在盘子上。
- 用喷雾瓶将卫生纸喷湿。
- 用小刀将那些食根类蔬菜从较粗的那端切下来一段，切下来的部分像一个小帽子。
- 将切下来的部分放在潮湿的卫生纸上，切面朝下。
- 将盘子放在有阳光的地方，并按时喷水。

会发生什么

2～3天以后，切块上长出了绿色的小叶子。

为什么会这样

我们知道，一根嫩茎上会发出新芽，随后还会长出新叶。实验中的切块是根的上部。当根吸收到充足的水分时，茎上就会发出新芽，而储存在根里的淀粉与氧气反应分解，提供了萌芽所需要的能量。

等到长出足够的绿叶以后，植物就可以进行光合作用了，即二氧化碳和水在有光的条件下生成糖类化合物。

77.大蒜（难度：★☆☆☆☆）

春秋季实验！

种下蒜瓣就可以长出整株大蒜吗？

你需要

- 蒜瓣
- 装有土壤的花盆

这样来做

- 在秋天或春天将蒜瓣（蒜瓣的瓣数自己决定）种在花盆里。

会发生什么

在春天，更准确地说是夏初，蒜瓣会长出绿色的芽，如果按时给它浇水，它会在盛夏时开花。

为什么会这样

大蒜属于葱属植物，其球茎是地下的营养储存器官，从这里可以长出叶子来。蒜瓣相对独立，外面还有一层干燥的外皮，可以进行无性繁殖。

78.大蒜油（难度：★★☆☆☆）

长期实验！

大蒜油是怎么生产出来的？

你需要

- 4个蒜瓣
- 橄榄油
- 1把水果刀
- 1块砧板
- 1个小玻璃瓶
- 1条手绢
- 1个橡皮擦

这样来做

- 将大蒜剥皮，并对半切开。
- 将这些蒜块放进瓶子里。
- 在瓶子里装上橄榄油。
- 用手绢包住橡皮塞，然后塞住瓶口，将瓶子封起来。
- 将瓶子放置至少一周时间。
- 打开瓶盖，闻一下。

会发生什么

瓶子里的橄榄油有浓郁的大蒜味。

为什么会这样

大蒜中含有能溶解在橄榄油中的香精油，这种香精油可以散发出大蒜的味道。

在很久以前，人们就用油来储存食物（如橄榄、奶酪），这样食物就可以保存很长时间。因为油可以隔绝空气，防止细菌和其他依靠氧气存活的微生物滋生。大蒜浸泡在橄榄油中，也可以长时间保存，在冰箱里大约可以保存3个月。

79.膨胀的葡萄干（难度：★☆☆☆☆）

葡萄干在水里会改变形状吗？

你需要

- 葡萄干
- 水
- 1个玻璃杯
- 1把勺子

这样来做

- 将葡萄干倒入杯子中，约占杯子1/3容量。
- 往杯子里倒水，将葡萄干浸没。

会发生什么

3~4个小时以后，干巴巴的硬葡萄干变得又大又软。

为什么会这样

水通过细胞壁进入葡萄干，葡萄干的含水量增大，所以就膨胀起来了。

水进入被浸泡物（如一块木头、一粒种子、一颗葡萄干）后，大部分被浸泡物的大分子都与水分子相互吸引，因为在潮湿的情况下，负载电荷的水分子涌入被浸泡物中，填充在原有分子（例如蛋白质、淀粉）之间。因此，被浸泡物的体积就会变大。

80.蹦蹦跳跳的豌豆（难度：★☆☆☆☆）

浸没在水里的豌豆会变软吗？

你需要

- 干豌豆
- 水
- 1个玻璃杯
- 1个盘子

这样来做

- 在杯子里装满干豌豆。
- 将杯子放在盘子上。
- 往杯子里倒水，直至填满杯子里所有的空隙。

会发生什么

几个小时以后，你会听到豌豆纷纷从杯子里蹦出来砸到盘子里的声音。豌豆一点也没有变软。

为什么会这样

豌豆吸水而膨胀。体积增大的豌豆让杯子显得十分拥挤，所以杯子下面的豌豆“排挤”上面的豌豆，上面的豌豆就从杯子里掉落出来。

81.种子“爆炸”的威力（难度：★☆☆☆☆）

种子“爆炸”的威力究竟有多大？

你需要

- 玉米粒、豌豆或菜豆
- 1个金属旧罐子
- 石膏
- 1个透明塑料杯

这样来做

- 在罐子里用水搅拌石膏，形成乳白色的“稀粥”。
- 抓一把豌豆或菜豆种子扔进罐子里。
- 将混有种子的“石膏粥”倒进透明的塑料杯中。

会发生什么

几天后，杯子上出现了裂缝，再过一段时间，杯子被完全撑破了。

为什么会这样

在“石膏粥”中，种子吸收水分，体积变大，接下来“石膏粥”向外扩张，所以将杯子撑破了。

种子萌发时的力量还要大一些，它甚至可以将沥青路面都撑开裂缝。

82.萌芽（难度：★★☆☆☆）

种子需要土壤才能萌发吗？

你需要

- 红花菜豆种子
- 1个玻璃罐子
- 卫生纸
- 1把剪刀
- 报纸
- 1个装有水的喷雾瓶

这样来做

- 将卫生纸剪成条状垫在罐子里。
- 将报纸揉成一团一团的塞到罐子里。
- 用喷雾瓶把卫生纸和报纸喷湿。
- 在罐子内壁和报纸之间放几粒红花菜豆种子。
- 将罐子放在有阳光照射的窗台上，按时往罐子里喷水。

会发生什么

1～3天后，红花菜豆种子发芽了，你可以观察它的生长情况。

为什么会这样

所有种子萌发都需要水、空气以及合适的温度，而对光的需求则根据不同的种子而定。

对于有光才萌芽的植物来说，光就是种子萌发时不可或缺的条件。大部分植物都是这种情况，但也有一些种子，光会阻碍它萌发。种子萌发时避光被称为遮阴育苗。红花菜豆种子萌发时是需要光的，在我们的实验中，它萌发所需要的条件都已经具备了：水、空气、光和温度。土壤并不是不可缺少的。

红花菜豆种子

红花菜豆种子萌发后的样子

83.藏起来的幼苗（难度：★★☆☆☆）

什么可以刺激胚芽生长？

你需要

- 4粒红花菜豆种子
- 1个放大镜
- 1个装满水的碗

这样来做

- 将两粒菜豆在水中浸泡几个小时，另外两粒放在有阳光照射的干燥的窗台上。
- 将浸泡在水中的两粒菜豆拿出来与干菜豆进行比较。
- 剥开湿菜豆，放在放大镜下观察。

会发生什么

干菜豆没有发生什么变化。湿菜豆变大了，它的种皮皱巴巴的，而且有裂口。当你把菜豆分为两半时，会看到里面的胚芽。

为什么会这样

种子里含有营养物质，这些营养物质是为处在“休眠期”的胚和胚芽准备的。当然，氧气和水也是十分重要的。

大部分植物的种子都十分干燥，像我们实验中那样，将种子用水浸泡后，种皮会由于水分子向外的压力而裂开。水刺激了种子的发育，从而长出胚芽。种子生长所需要的能量由之前储存的营养物质提供，这只有在氧气充足的情况下才能够实现。这时，胚根率先从种子中冒出来，并且在重力的作用下不断向下生长。

地球上所有的物体都受到了向下的重力，而物体在太空中则处于失重状态。在宇宙空间站的植物并没有真正意义上的向上或向下生长，因为失重状态下的种子是向四面八方生长的。

84.种子萌发的条件（难度：★★★☆☆）

在没有水也没有空气的情况下，种子可以萌发吗？

你需要

- 红花菜豆种子
- 3个玻璃罐子
- 1个装满水的碗
- 1个装满水的喷雾瓶
- 半杯水
- 餐巾纸
- 1条手帕
- 透明的保鲜膜

这样来做

- 将红花菜豆种子放在装满水的碗里浸泡24小时。
- 在3个罐子里都垫上一层餐巾纸。
- 用喷雾瓶将第一个罐子里的餐巾纸喷湿；第二个需要保持干燥；往第三个里倒入半杯水，让餐巾纸完全湿透。
- 将菜豆从水中拿出来，用手帕擦干上面的水。
- 在每个罐子里放入数量相同的菜豆。
- 用保鲜膜将罐口密封起来，保证水不会蒸发，并将所有的罐子都放到能照射到阳光的地方（如窗台）。

会发生什么

1～3天后，第一个罐子里的菜豆发芽了。另外两个罐子里的菜豆都没有发芽的迹象。

为什么会这样

种子发芽需要光、温度、水和氧气。在我们的实验里，3个罐子都能得到温暖阳光的照射。但干燥的罐子里缺少水分，倒入半杯水的罐子里缺少氧气。只有水和氧气都具备，种子才能发芽。

85.单子叶和双子叶（难度：★★☆☆☆）

被浸泡过的种子会长出什么？

你需要

- 红花菜豆种子
- 玉米种子
- 红萝卜种子
- 2个玻璃杯
- 卫生纸

这样来做

- 浸泡所有的种子，并让它们在杯子中萌发（见实验79和82）。
- 观察并比较这些种子萌发后的形状。

会发生什么

种子长出了子叶。红萝卜种子的子叶看起来和菜豆的子叶相似，和玉米粒的子叶不太一样。

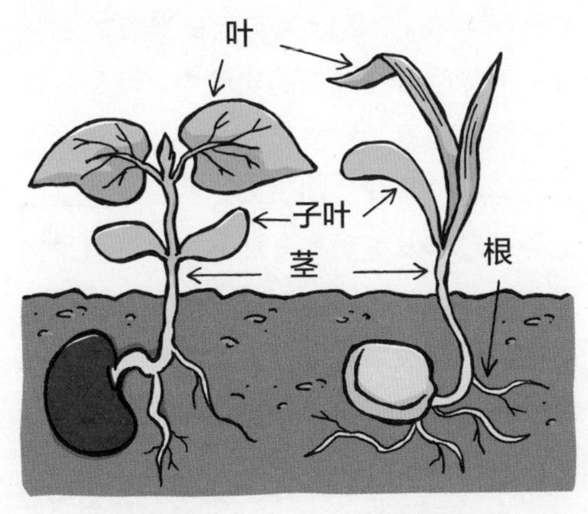

菜豆种子　　玉米种子

为什么会这样

菜豆和红萝卜都属于双子叶植物，因为它们的种子有两片子叶。玉米则是单子叶植物，因为它的种子里只有一片子叶。

不仅是种子，单子叶和双子叶的植物的花和叶也不一样。单子叶植物（如百合、玉米）的花瓣数是能被3整除的，叶子没有叶柄，造型简单，大多是柳叶形或卵形。双子叶植物（如荨麻、玫瑰、迎春花）通常会开各种颜色的花，长有形态较小的叶子。

86.种子的休眠（难度：★★☆☆☆）

什么会阻碍种子发芽?

你需要

- 独行菜种子
- 1片薄薄的苹果切片
- 1个托盘
- 药棉（药店有售）
- 1个装有水的喷雾瓶
- 1个透明的塑料袋（如保鲜袋）

这样来做

- 在托盘上铺一层药棉，并用喷雾瓶将药棉喷湿。
- 在浸湿的药棉上均匀地撒下独行菜的种子。
- 把苹果切片放在托盘中间。
- 将托盘连同种子一起放进塑料袋里，然后放在一个温暖的地方（如有阳光照射的窗台），之后不再浇水。

会发生什么

独行菜的种子发芽了，并逐渐长成一棵棵小植株。

被苹果片压住的地方，种子没有发芽。

为什么会这样

有些植物在适宜的环境下（即有充足的水、光、氧气以及合适的温度）也不会萌发。这时的种子处于休眠状态，而引起休眠的原因有很多：最常见的就是无法直接接触水和氧气，有些是因为胚芽还没有完全发育成熟。冬天太冷，种子需要被储存一段时间，到了春天才会发芽。休眠的种子中有1/3是因为有阻碍萌发的物质存在而休眠。在我们的实验中，苹果就是这个阻碍因素。许多有核果实的果肉中含有阻碍种子萌发的物质，这些物质能够阻止种子过早发芽。在自然界中，只有果肉完全腐烂掉了，种子才会发芽。一旦成熟的种子不再被果肉包裹，而水和氧气又充足，胚芽就会“觉醒”，意识到生长的时刻到了，要开始萌发了。

87.萌发的敌人（难度：★☆☆☆☆）

酸水也会阻碍种子萌发吗?

你需要

- 独行菜的种子
- 2个托盘
- 卫生纸
- 1个装有水的喷雾瓶
- 醋
- 1个大勺子
- 2个玻璃碗

这样来做

- 在两个盘子里各铺上一张卫生纸（也可以用药棉代替）。
- 用喷雾瓶将第一个盘子里的卫生纸喷湿。
- 用醋将第二盘子里的卫生纸打湿。
- 在两个盘子里分别撒上相同数量的种子。
- 在每个盘子上扣一个玻璃碗，使水分不会蒸发。
- 将它们放在温暖的地方（如有阳光照射的窗台上）。

会发生什么

在洒过醋的盘子里，种子没有发芽。

为什么会这样

独行菜的种子被醋（即酸）处理过，而种子是不可能在强酸环境下萌发的。

由空气污染引起的酸雨对树木等植物的生长是有害的。酸雨会严重影响树木的生长，甚至导致树木死亡。人们已经通过实验确定：酸对叶子有害，会阻碍种子发芽。

88.当心，那是豚草（难度：★★☆☆☆）

为什么鸟食里会混有种子？

你需要

- 1份冬天时给鸟儿吃的混合饲料
- 报纸
- 几个盘子
- 1个放大镜

这样来做

- 将报纸铺在桌上。
- 抓一把饲料撒在报纸上。
- 按形状和颜色把鸟饲料分类放在盘子里。
- 将看起来像豚草种子的颗粒放在一边。

会发生什么

你会发现鸟饲料里有许多不同的种子。如果将它们种到土里，也会长出不同的植物来。

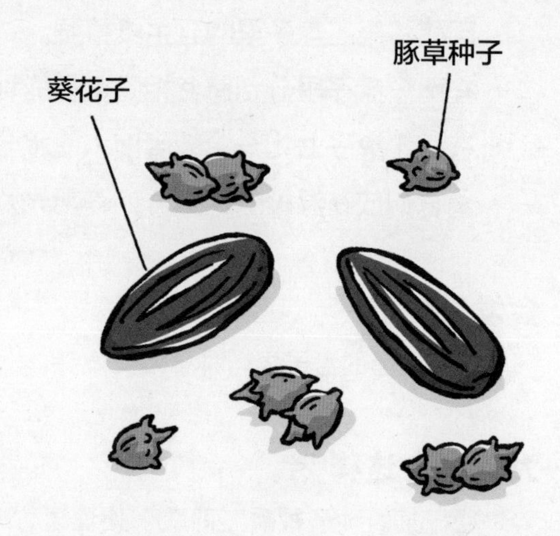

为什么会这样

豚草的花粉粒在空中飘荡，会引发过敏性哮喘。其他一些植物也可能引发过敏，但是豚草特别危险。因此，在给鸟喂食的时候，要先把豚草种子挑出来，不能让豚草种子混到鸟食里去，这样可以避免通过鸟的粪便传播。插图中的两种种子分别是葵花子和直径约2～4毫米的豚草种子。豚草种子能由风传播，而且在地下休眠40年以后还能发芽。

89.根的威力（难度：★★★☆☆）

种子萌发出的根有多大威力？

你需要

- 金盏花种子
- 1个小盘子
- 1个装有水的喷雾瓶
- 1个空鸡蛋壳
- 1把大勺子
- 土壤（大约4勺）
- 1个蛋杯

这样来做

- 将金盏花种子放到小盘子里，喷上水，浸泡一夜。
- 在半个鸡蛋壳里装上土，将浸泡好的种子种到土里。
- 将蛋壳放进蛋杯，移到有阳光照射的窗台上。
- 每天给种子浇水。
- 4～5天后，将蛋壳拿出来，观察蛋壳的底部。

会发生什么

根从蛋壳下面伸了出来。

为什么会这样

几天以后，金盏花种子开始萌发并长出了根。根可以从蛋壳中的土壤里吸收水和营养盐。

根为什么会从蛋壳下面伸出来呢？

这是因为植物的根在进行呼吸作用。呼出的二氧化碳遇到土壤中的水分就形成了碳酸，碳酸具有溶解矿物质的能力。再加上根就还会分泌出柠檬酸、苹果酸、葡萄酸等许多有机酸。这些“厉害”的有机酸慢慢地溶解了蛋壳。过几天后，我们就看到根从蛋壳下面伸了出来。

90.向性（难度：★★☆☆☆）

植物的茎总是向上生长吗?

你需要

· 2盆番茄幼苗
· 4块方砖
· 1个装有水的喷雾瓶

这样来做

- 将番茄幼苗放在有阳光照射的窗台上（如图所示）。
- 用砖堆起两面“墙”，两面墙之间保持一定的距离（差不多花盆的直径）。
- 将花盆倒放在砖上（如图所示）。
- 将另一盆横放在窗台上。
- 按时浇水，观察番茄的长势。

会发生什么

番茄弯曲着向上生长（如图所示）。

为什么会这样

植物的茎垂直向上，朝着有光的地方生长。而根却向下，朝着地心的方向生长。植物生长具有方向性是由于植物受到某种刺激，例如向地性是由于受到地球引力的刺激。不管是胚还是成熟的植株，它们的根都向地下生长。如果你让一棵植物在水平面上沿纵轴旋转（每小时旋转2～20圈），那么植物各个面所受的重力就会持平，植株也就不会发生弯曲。

植株朝着光照方向弯曲生长被称为向光性，植物的茎总是朝着有光的方向生长。而且，受到光照射的一边要比另一边生长得更茂盛。生长素也会导致植物生长状况的不同。在有光照的情况下，生长素会向阴面汇聚。

91.匪夷所思（难度：★★☆☆☆）

芦笋和黄瓜是果实吗?

你需要

- 1根芦笋
- 1根黄瓜
- 1把水果刀

这样来做

- 将芦笋和黄瓜纵向切开。
- 找一找它们的种子。

会发生什么

芦笋里没有种子，而黄瓜里有一些绿色的小颗粒。

为什么会这样

我们所说的果实，通常被理解为水果。但是你思考过没有，黄瓜和辣椒也是水果吗，更确切地说也是果实吗？或者它们更像是蔬菜？这真是太不好区分了。

黄瓜的果实是带有种子的绿色浆果。我们所食用的芦笋实际上是植物的嫩茎，里面并没有种子。所以，黄瓜是果实，芦笋属于蔬菜。

在植物学中，果实被定义为“包含有种子的子房”。这听起来比较复杂，请你看一下实验35中花的结构：子房（包含胚珠）是花的一部分。种子就是由胚珠发育而来的，而子房则发育成果实。

换句话说，每个果实都是由一个子房发育而来。雌蕊和雄蕊以及花柱过一段时间后都会脱落。果实里会包含一颗或几颗被果肉包裹的种子。

无法想象在这个世界上究竟有多少种果实，按照不同的标准，可以有无数种分类的可能，同时不同类别之间又互有重叠：

1. 子房的数目不同：单子房果和多子房果。
2. 种子传播方式不同：裂果和闭果。
3. 含水量不同：干果和浆果。

有些单子房果，同时又是裂果，在成熟后会自己裂开，使种子暴露在外，例如豌豆和菜豆这样的豆荚，以及罂粟这样的荚果。

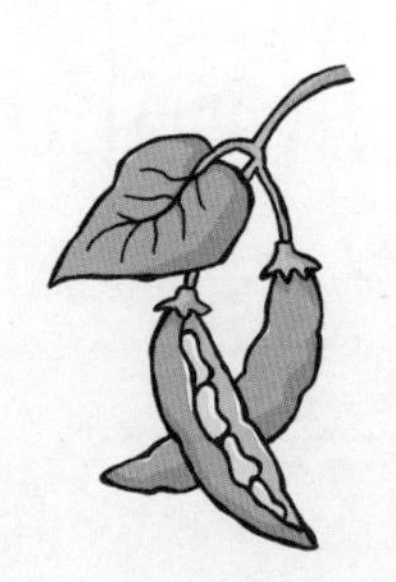

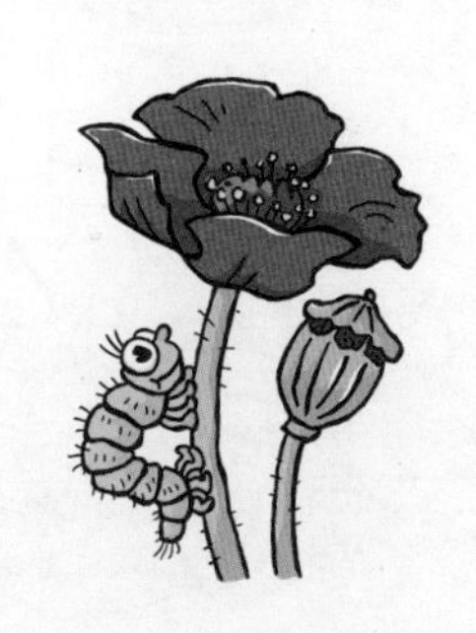

如果种子被果肉包裹，那它就属于闭果。根据含水量的不同，还可以继续分类，如坚果这样的闭果属于干果，它的种子被木质化的果肉包裹着。

而浆果的果肉多汁，里面包含许多种子。黄瓜、番茄、辣椒和南瓜都属于这一类。

樱桃和杏这样的核果属于浆果和干果的混合体。因为它们的核是坚硬的，果肉却是多汁的。

一朵有若干个子房的花，每个子房都可以发育成一个果实，并且这些果实聚在一起，被称为聚合果。它们属于多子房果，悬钩子和覆盆子就是这样的果实。

我们还可以继续分下去……

这么多理论已经足够了！你现在一定能够初步给果实进行分类，真正理解果实的奥秘了！讲了这么多，再给你提一条实用的建议：来一杯鲜美的果汁怎么样?

92.弯曲的香蕉（难度：★★☆☆☆）

香蕉是浆果吗?

你需要

- 1根香蕉
- 1块砧板
- 1把水果刀

这样来做

- 剥开香蕉皮，横向切下一段香蕉。
- 将剩下的香蕉纵向对半切开。
- 观察香蕉横纵切面。

会发生什么

香蕉的横纵切面和黄瓜的很像，但里面没有种子。

为什么会这样

香蕉是一种浆果，肉厚多汁。香蕉成熟后可以生吃，味道甘甜。香蕉从树上刚摘下来时还是青的，放一段时间后就熟透变黄了。

大部分浆果中含有种子，呈圆形并且颜色鲜艳。野生香蕉也有种子。香蕉的种子通过人工培育逐渐退化了。现在，香蕉通常进行无性繁殖（见实验73）。

香蕉适于在热带生长，受精后的花会长出绿色的手指状的果实。一开始香蕉是向着地面方向生长的，当它逐渐长大，为了争取更多的阳光，香蕉便朝向太阳的方向生长，因此香蕉就变弯了。

93.红色的小果子（难度：★★☆☆☆）

为什么大部分的野生浆果都是鲜红色的？

你需要

- 黑醋栗（黑加仑）
- 草莓
- 1把水果刀
- 1块砧板
- 1个放大镜

这样来做

- 将黑醋栗和草莓对半切开。
- 在放大镜下观察被切开的果实。

会发生什么

黑醋栗多汁，长有小核。草莓是肉质的，外面有一些粒状物。

为什么会这样

黑醋栗属于栗科，其花呈总状花序排列，多汁的果实中包含有种子。草莓属于蔷薇科，其种子呈螺旋状排列在果肉上，也就是果皮外面黄色的小点点。

这两种植物都属于虫媒植物。它们的果实被动物（如鸟、小型哺乳动物、蜗牛）吃掉、消化，而种子随动物们的粪便被排出，散播到各处。为什么种子在胃肠中不会被消化呢？因为这些种子外面都有一层坚硬的外壳保护。这层硬壳即使在消化液的作用下仍具有透水性，保证了种子能够吸水膨胀（见实验79），这其实是在为萌发做准备。

种子不可能在动物的肠胃中萌发，当种子被动物排出体外，又有与种子一起排出来的粪便作为养料，这时种子就开始萌发了。动物喜欢寻找那些颜色鲜艳的果实来吃，因为里面含有许多重要的营养物质。

94.挠一挠（难度：★★☆☆☆）

蔷薇果会引起瘙痒吗?

你需要

- 成熟的蔷薇果实
- 1把水果刀
- 1把小勺子

这样来做

- 切开蔷薇的果实，用勺子将里面的小核籽掏出来。
- 将这些小核籽放到你的胳膊上。

会发生什么

你肯定会挠痒痒，因为小核籽让你感到痒痒的。

为什么会这样

蔷薇果里面包含有许多种子，这些种子埋在其肉质的花托之中。当你将这些种子撒在皮肤上，会感到痒痒的。这是因为种子上有纤细的、带倒钩的小茸毛。这些小核籽会引起过敏，所以易过敏者不要做这个实验。

95.好一个牛蒡果（难度：★★☆☆☆）

牛蒡果总能粘在衣服上吗？

你需要

- 带有果实的牛蒡枝
- 1只旧的毛线袜
- 1个放大镜（20倍）

这样来做

- 将牛蒡果放在袜子上。
- 试着将它拿下来。
- 用放大镜观察这些果实。

会发生什么

牛蒡果紧紧粘在毛线袜上，要使很大劲儿才能将它拿下来。

在放大镜下，你能看见这些果实上有许多钩子。

为什么会这样

牛蒡果像一个小篮球，外面包裹着一层壳。果实本身是平滑的。

用20倍的放大镜观察牛蒡果外面的刺时，你会发现这些刺都是有倒钩的。这些倒钩使得牛蒡果不容易从附着物上拿下来。在自然界中，这种刺能钩挂在动物的皮毛上，同时又具有一定的弹性，能把果子反弹出去，进行传播。

“牛蒡果是神奇大自然的一项发明”，瑞士工程师乔治·德·梅斯特拉尔这样描述牛蒡果。当他在显微镜下观察到牛蒡果刺的结构后，他按照同样的原理，发明了尼龙扣。

科学研究所致力于的方向应当是破译“大自然发明”的奥秘，并把它用于科技创新之中，这句话用来描述仿生学再合适不过了。

96. “别碰我”花因什么得名？（难度：★☆☆☆☆）

你需要

- 1棵开花的凤仙花

这样来做

- 观察凤仙花的生长环境和其果实。
- 用手指快速地挤压一下果实，然后松开。

会发生什么

凤仙花的果荚爆开，里面的种子蹦向四面八方。

为什么会这样

凤仙花的果实是由五片心皮（变态的叶）构成的。

在心皮和种皮之间存在着膨胀压(见实验23)，膨胀压的大小在不同植物细胞里是不同的。在海绵组织中膨胀压很大，所以当果荚受到挤压后，里面的种子就会蹦出来，四散弹开。凤仙花的德语名字叫作“Springkraut”（字面义为“会跳的草”），拉丁语名字叫“Impatiens”（字面义为“没有耐心”），这些名字都是源于凤仙花的这个特性。

97.悬钩子（难度：★★★★☆）

夏季长期实验！

悬钩子可以通过压条繁殖吗？

请在大人的监护下进行！

你需要

- 1根活的悬钩子枝
- 花园土
- 1个碗或1个旧勺子
- 1个深口花盆
- 1把园林剪刀
- 1个装有水的喷雾瓶
- 1个透明塑料袋
- 1根橡皮筋

这样来做

- 在花盆里装满花园土，并浇水保持土壤湿润。
- 请大人用园林剪刀从一株已经生长了一年的悬钩子上剪取一根5～10厘米长的枝。
- 将悬钩子枝插进湿润的土壤中并浇水。
- 在外面罩上一个透明塑料袋，下端开口处用橡皮筋扎好。
- 等上3～4周，这期间要保持土壤湿润。

会发生什么

被剪下来插到土里的枝条发芽了，枝条下面还长出新的根，上面长出了小叶子。当叶子长出来后，你可以给植株通通风。再过一段时间，可以将塑料袋彻底拿掉。注意按时浇水，夏天时让它到户外晒晒太阳。到了秋天，你就可以将它移植到花园里。

为什么会这样

悬钩子可以进行无性繁殖，子体是母体的一部分，并且能发育成与母体完全一样的个体，这样的繁殖也可以被叫作“克隆”。

98.地下末梢（难度：★★★☆☆）

长期实验!

怎样让悬钩子枝繁殖得更快?
请在大人的监护下进行!

你需要

- 1根活的悬钩子枝
- 花园土
- 1个碗或者1个旧勺子
- 1个深口花盆
- 1把园林剪刀
- 1个装有水的喷雾瓶

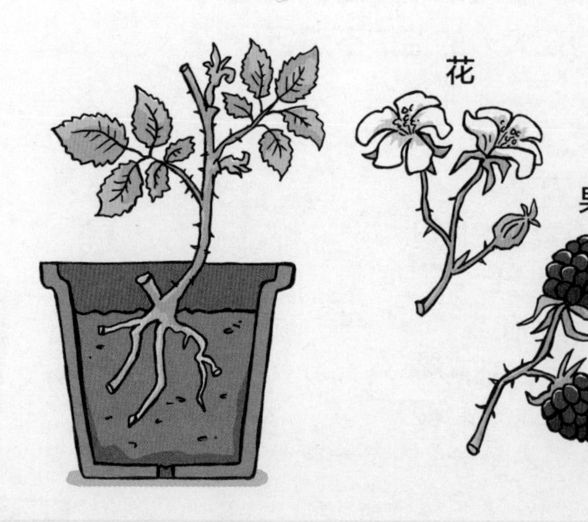

这样来做

- 请大人将一株悬钩子的地下末梢部分挖出来（最好在10月到次年4月之间）。
- 将较长的茎剪掉，根也用园林剪刀修整一下。
- 在花盆里装上花园土，并保持土壤湿润。
- 将修整好的植株种在花盆里。
- 把花盆搬到有阳光照射的阳台上，并按时浇水保持土壤湿润。

会发生什么

悬钩子枝上的叶子越来越多。

为什么会这样

悬钩子不仅能通过种子和压条进行繁殖（见实验97），还可以通过地下根的末梢来繁殖。被埋进土里的根会长出一根新的茎，茎可以长到2米高。

悬钩子的花从白色到粉红色不等，花期从6月到8月。它们的茎上还会长一些刺，这些刺能防止被动物啃食。另外，通过这些刺，悬钩子能钩住其他植物来支撑自己，并且很容易向外拓展生长空间。受精的花会在7月到11月之间结出多汁的果实，果实呈蓝黑色。

99.压叶法（难度：★★★☆☆）

一片叶子也可以发育成一整株植物吗？

你需要

- 1片绿色的秋海棠叶（生长情况良好的秋海棠）
- 泥炭细末
- 花园土
- 1个花盆
- U形金属钉
- 1把水果刀
- 1个装有水的喷雾瓶
- 透明保鲜膜

这样来做

- 在花盆里装上花园土和泥炭细末的混合物。
- 用喷雾瓶向花盆中喷水，保持土壤湿润。
- 用刀子在叶子上划出几个切口来。
- 用U形金属钉将叶子固定在湿润的土壤里。
- 往叶子上喷水。
- 用保鲜膜罩住花盆，并保持土壤湿润（不要太湿）。
- 等上几周。

会发生什么

在切口处长出新的根和茎。

为什么会这样

秋海棠可以无性繁殖，其每一片叶子都能发育成一株新的植物。像这样由叶子发育而来的子体是母体的克隆产物，也就是说，它们有着完全相同的基因。

100.紫罗兰培育（难度：★★★☆☆）

春季实验！

紫罗兰也可以通过叶子进行无性繁殖吗？

你需要

· 1盆紫罗兰（生长状况良好的植株）
· 1把水果刀
· 1个装有花园土和泥炭细末的花盆
· 2根长竹签
· 1个透明的塑料袋
· 1个装有水的喷雾瓶

这样来做

- 用喷雾瓶向花盆中喷水，保持土壤湿润。
- 从植株上剪下一片叶子，将叶柄插到湿润的土壤里。
- 紧挨着叶子插上两根竹签。
- 在整盆植物外罩一个塑料袋，防止叶片缺水（如图所示）。
- 保持土壤湿润（不要太湿）。
- 等上几周。

会发生什么

后来叶子变黄了，但过一段时间，在它旁边长出了一些新鲜的小绿叶。

为什么会这样

紫罗兰可以进行无性繁殖，将它的叶子插到土壤里可以长出新的根，从而长出新的茎和叶。

101.没有“头”的仙人掌（难度：★★★☆☆）

交换了“头”，仙人掌还能继续存活吗？
请在大人的监护下进行！

你需要

- 2盆大的柱形仙人掌
- 报纸
- 工作手套
- 1把锋利的刀子
- 1卷线
- 仙人掌肥料
- 1个喷雾瓶

这样来做

- 将报纸铺在桌子上。
- 请大人将两盆柱状仙人掌的“头”切下来。
- 让四个切面都略微干燥一下。
- 戴上工作手套，将切下来的“头”交错放在另一个仙人掌的“身体”上。
- 用绳子将重新组合的仙人掌固定好（如图所示）。
- 用水充分溶解仙人掌肥料，将肥料溶液装到喷雾瓶中，喷洒到两盆仙人掌上（不要太湿）。

会发生什么

仙人掌会继续生长。在两部分的对接处长出了新的分枝。

为什么会这样

仙人掌可以进行无性繁殖，在其某些部位（如根和茎的末端）有能够进行细胞分裂的分生组织。在分生组织的帮助下，受伤的植株快速长出新的分枝。分生组织通过自身的分裂为植物提供新的细胞，这些细胞自身也会进行分化，长成茎、叶、花或根。所以，在仙人掌切面处长出了新的分枝。

术语表

· 细胞

生物体最小的组成部分。

· 细胞器

细胞中的小器官，例如细胞核、线粒体、内质网等。

· 细胞质

细胞中的一种液体，主要是由水和蛋白质组成的。

· 酶

一种特殊的蛋白质，可以影响化学反应的速度。

· 叶绿体

植物细胞中的一种细胞器，里面含有叶绿素，是进行光合作用的场所。

· 叶绿素

叶子中绿色的色素，位于植物细胞的叶绿体中。植物利用叶绿素进行光合作用。

· 光合作用

在阳光的作用下，叶绿素中的水和二氧化碳转化成葡萄糖，并且释放出氧气的过程。

· 染色体

生物遗传信息的载体，存在于细胞核内。染色体中含有一个生命体生长发育的所有信息。

· 基因

遗传信息的载体，所有的基因都位于染色体上。

· 香精油

可以从植物中提取，具有极易挥发的特性。

· 花青素

一种植物色素，使植物显现出红色、紫罗兰色或蓝色。

· 类胡萝卜素

一种植物色素，使植物呈现橘黄色和浅红色。

· 液化

物质由气态变为液态的过程。

· 扩散

气体或液体均匀混合的过程。

· 溶解

至少有两种不同物质的均匀混合。

· 分子

构成物质的粒子，由原子通过化学键聚合而成。

· 内聚力

相同物质的分子之间存在的吸引力。这种作用力使物质内部分子聚合在一起。

· 吸附力

两种不同的物质通过分子间的力量相互吸附，如附在桌子上的灰。

· 侧壁压

液体在狭窄管道中向四周扩散而产生的压力。

· 膨胀压

植物细胞中细胞液对细胞壁的压力，也就是植物细胞的内压。细胞通过渗透作用吸水，细胞的膨胀压可达到最大值。由于缺水或者蒸腾作用散失水分，细胞的膨胀压减小，最终可能会导致植物干枯死亡。

· 蒸腾作用

植物通过叶片上的气孔来蒸发水分。

· 蒸腾吸力

叶片上的蒸腾作用给了木质部中水分向上运输的拉力，使水分能够到达茎、叶、花等各个部分，而溶解在水中的营养盐也同时被运输到各个部分。

· 气孔

通过张开和闭合来控制气体交换（光合作用和呼吸作用中氧气和二氧化碳的交换）的微孔。植物蒸腾作用的调节也是通过气孔实现的。气孔通常位于叶片的下表面。

· 维管束

植物中管状的运输管道，位于植物的韧皮部和木质部中。

· 输导组织

植物中运输管道的总称，呈管状，并遍布整株植物。人们也借此划分韧皮部和木质部：能将光合作用产生的营养物质从树叶向下运输的管道（筛管）位于韧皮部；能将水和矿物质从根运输到树叶的管道（导管）位于木质部。

· 韧皮部

里面有维管束，可以将树叶中由光合作用产生的糖和营养物质向下运输到根和茎。

· 木质部

木质化的植物组织。木质部中的导管能将根吸收的水分和溶解在水中的营养盐运输到茎和叶。木质部与韧皮部一起构成了植物的运输系统。

· 茎

草本植物的秆，木本植物的树干、树枝，里面有维管组织，可以运输营养物质和水分。

· 根

除了茎和叶以外，某些植物的第三个基本器官。它能够吸收水和营养物质，并对植株起到固定作用。

· 根状茎

地下横向生长的茎，可以存储营养物质。

· 花

种子植物的有性繁殖器官，最醒目的部分是花瓣。花粉（雄配子）存在于雄蕊上，而卵细胞则位于雌蕊的胚珠里。

· 花序

花在花轴（总花柄）上的排列方式称为花序，例如圆锥花序、穗状花序、总状花序。

· 胚

在种子植物中，种子里能够萌发的部分。

· 萌发

种子发育成幼苗的过程。这个过程从种子吸收水分开始。

· 浸涨

物体吸水使体积变大。浸涨是植物萌发的第一步。

· 向性

植物对于某种刺激的反应。如果这种刺激有利于植物的生长，人们就称这种刺激为积极向性，反之则为消极向性。例如，与光有关的向光生长，与地心引力有关的向地生长。

· 遮阴育苗

一些植物的种子只能在黑暗环境下发芽，光线反而会抑制它们的萌发。

· 渗透现象

渗透是一种特殊形式的扩散。两种浓度不同的溶液被一层半透膜隔开，水分子可以自由穿过这层半透膜，由低浓度的溶液向高浓度的溶液扩散，直到两边溶液的浓度一致。渗透现象在动物界和植物界中起着重要的作用。

· 半透膜

只让某些物质可以穿过的薄膜。

· 繁殖

通过有性繁殖或者无性繁殖产生新的个体。

· 有性繁殖

通过雌雄两性生殖细胞进行的繁殖。

· 卵细胞

雌性生殖细胞，与雄性生殖细胞结合形成受精卵，进而发育为成体。

· 无性繁殖

无性繁殖可以通过植物的某些部分进行，可以是植物的地下部分，如根状茎、球状茎、块茎或者根；也可以是植物的地上部分，如茎、叶。

· 组织

同一类型的细胞聚集而形成。